주판으로 배우는 암산 수학

8단계

나눗셈

매직셈

KB271080

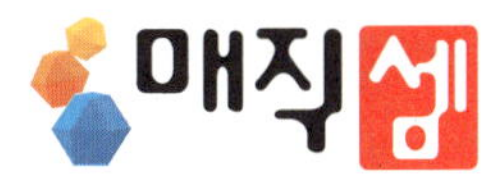

매직 셈

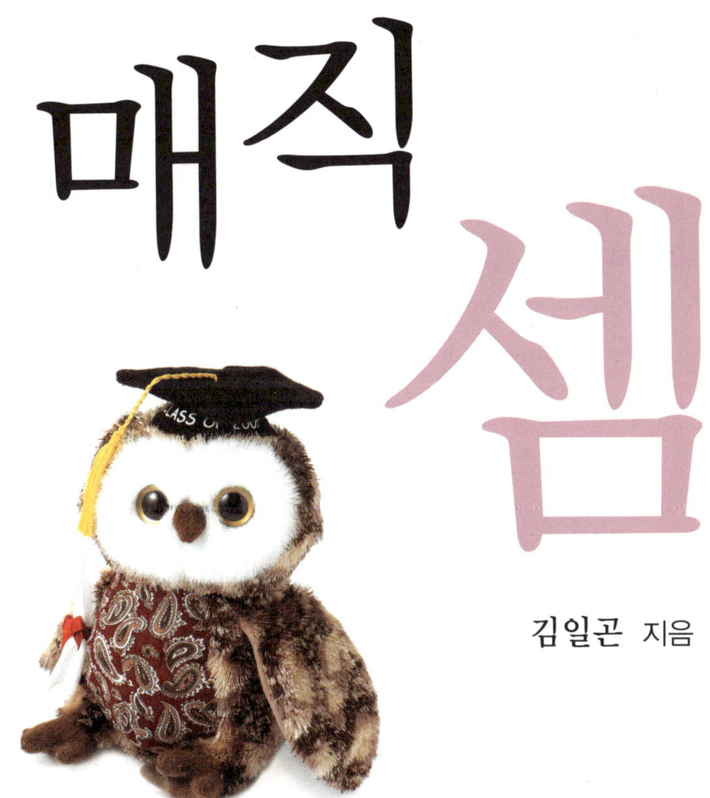

김일곤 지음

세광m

매직셈을 펴내며…

매직셈을 펴내며…

　　주산은 교육적 가치뿐만 아니라 의학적인 방법과 과학적인 방법이 동시에 활용되는 우뇌와 좌뇌의 균형있는 계발과 정신집중력, 속청, 속독, 기억력 증진에 탁월한 효능이 인정되는 훌륭한 학문입니다.

　　주산의 역사는 5,000년이 넘습니다. 고대 중국 문헌 속에 주산에 대한 기록이 있는 것만 보아도 인간 생활에 셈이 얼마나 필요했던 것인가를 알 수 있습니다.

　　주산은 동양 3국에서 학술과 기능으로 활발하게 연구 개발되었으며, 1970~1980년대에는 한국이 중심축이 되어 세계를 호령했던 기억들이 생생합니다. 그동안 문명의 이기에 밀려 사라졌던 주산이 지금 다시 부활하고 있습니다. 한편으로는 감회가 새롭고 한편으로는 주산 교육의 장래가 걱정스럽습니다. 후배들에게 물려줄 제대로 된 지도서도 없이 이렇게 새로운 물결 속으로 빠져들고 말았으니 그 책임을 통감하지 않을 수 없습니다.

　　이에 본인은 주산을 통한 암산 교육에 미력하나마 보탬이 되고자 검증된 주산 교재를 내놓게 되었습니다. 지금까지 여러 주산 교재가 나왔으나 주산식 암산에 별로 효과를 거두지 못한 것은 수의 배열이 부실하였기 때문입니다.

　　〈매직셈〉은 과학적인 수의 배열로 누구나 쉽게 주산 암산을 배우고 지도하기 쉽도록 하였으며, 기존 교재의 부족한 점을 보완하여 단기간에 암산 실력이 길러지도록 하였습니다.

　　이 교재가 주산 교육을 위한 빛과 소금이 된다면 더 바랄 것이 없으며 남은 여생을 주산 교육을 걱정하고 생각하며, 이 땅에서 오로지 주산인으로 살아갈 것을 약속합니다.

지은이 김일곤

차례

차근차근 주판으로 해 보세요.

1	2	3	4	5
32	73	9	93	6
47	−26	25	28	58
1	87	87	−16	87
9	69	6	−82	4
73	−45	93	64	29

6	7	8	9	10
87	3	89	52	79
74	65	94	− 9	96
19	−26	77	48	62
62	42	48	− 6	57
23	− 9	36	77	31

11	12	13	14	15
43	97	86	83	9
7	−53	9	−61	23
35	74	92	79	42
4	65	8	−47	6
96	−88	64	92	15

1회	2회	

1일차

차근차근 주판으로 해 보세요.

1	2	3	4	5
87	38	46	4	86
42	63	65	58	54
95	− 6	92	86	32
26	5	57	− 5	87
78	−52	83	−67	41

6	7	8	9	10
3	75	81	78	94
54	−28	4	89	73
26	69	70	−35	2
72	81	9	−23	6
7	−97	25	61	29

11	12	13	14	15
54	8	34	6	38
69	49	26	72	56
98	−15	62	94	21
87	81	53	− 3	64
42	− 4	75	−88	92

평가

1회	2회

확인

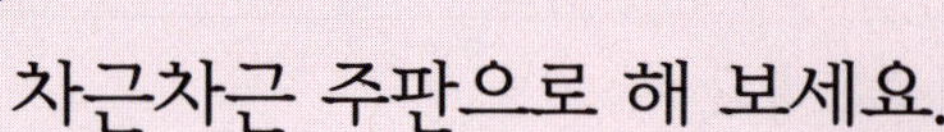

차근차근 주판으로 해 보세요.

1	$514 \times 4 =$	21	$1{,}584 \div 9 =$
2	$238 \times 6 =$	22	$4{,}575 \div 5 =$
3	$796 \times 8 =$	23	$5{,}103 \div 7 =$
4	$958 \times 2 =$	24	$1{,}827 \div 3 =$
5	$672 \times 5 =$	25	$6{,}744 \div 8 =$
6	$130 \times 7 =$	26	$1{,}252 \div 2 =$
7	$625 \times 9 =$	27	$3{,}320 \div 4 =$
8	$349 \times 3 =$	28	$1{,}170 \div 6 =$
9	$807 \times 2 =$	29	$3{,}256 \div 8 =$
10	$847 \times 8 =$	30	$1{,}134 \div 6 =$
11	$561 \times 6 =$	31	$2{,}928 \div 4 =$
12	$293 \times 4 =$	32	$1{,}012 \div 2 =$
13	$736 \times 3 =$	33	$2{,}466 \div 9 =$
14	$450 \times 9 =$	34	$3{,}773 \div 7 =$
15	$918 \times 5 =$	35	$4{,}075 \div 5 =$
16	$281 \times 7 =$	36	$2{,}838 \div 3 =$
17	$905 \times 4 =$	37	$1{,}296 \div 4 =$
18	$463 \times 8 =$	38	$6{,}372 \div 9 =$
19	$392 \times 9 =$	39	$4{,}120 \div 5 =$
20	$165 \times 3 =$	40	$7{,}736 \div 8 =$

1회	2회

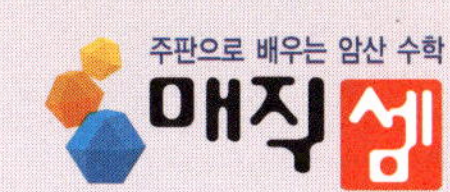

차근차근 주판으로 해 보세요.

1	437 × 7 =	21	5,257 ÷ 7 =
2	704 × 9 =	22	1,176 ÷ 3 =
3	138 × 5 =	23	4,035 ÷ 5 =
4	865 × 3 =	24	5,535 ÷ 9 =
5	592 × 6 =	25	2,052 ÷ 6 =
6	851 × 8 =	26	1,026 ÷ 2 =
7	124 × 4 =	27	3,616 ÷ 4 =
8	974 × 2 =	28	3,888 ÷ 8 =
9	603 × 7 =	29	7,029 ÷ 9 =
10	417 × 5 =	30	6,755 ÷ 7 =
11	805 × 3 =	31	2,520 ÷ 5 =
12	326 × 9 =	32	1,269 ÷ 3 =
13	269 × 6 =	33	3,128 ÷ 8 =
14	184 × 2 =	34	5,232 ÷ 6 =
15	572 × 4 =	35	2,580 ÷ 4 =
16	209 × 8 =	36	1,412 ÷ 2 =
17	936 × 3 =	37	5,978 ÷ 7 =
18	184 × 5 =	38	3,724 ÷ 4 =
19	457 × 7 =	39	756 ÷ 6 =
20	209 × 8 =	40	8,613 ÷ 9 =

1회	2회

머릿속에 주판을 그리며 풀어 보세요.

1	2
5 6 + 2 0	2 4 + 7 1

3	4
9 6 − 3 8	9 5 − 3 6

5	6
7 8 7 × 6	3 6 3 × 5

7	8
9) 8 1 0	5) 3 7 5

9	$78 \times 7 =$
10	$51 \times 5 =$
11	$36 \times 3 =$
12	$95 \times 9 =$
13	$38 \times 6 =$
14	$96 \times 8 =$
15	$24 \times 4 =$
16	$71 \times 2 =$
17	$20 \times 5 =$
18	$56 \times 4 =$
19	$108 \div 9 =$
20	$520 \div 8 =$
21	$235 \div 5 =$
22	$348 \div 4 =$
23	$102 \div 3 =$
24	$62 \div 2 =$
25	$549 \div 9 =$
26	$192 \div 8 =$
27	$164 \div 2 =$
28	$864 \div 9 =$

1회	2회

머릿속에 주판을 그리며 풀어 보세요.

1	2
6 1 + 7 4	8 6 + 5 9

3	4
4 9 − 3 0	5 7 − 1 2

5	6
7 2 6 × 5	2 1 9 × 5

7	8
6) 5 7 6	7) 6 3 7

9	$72 \times 6 =$
10	$19 \times 4 =$
11	$12 \times 8 =$
12	$57 \times 2 =$
13	$30 \times 5 =$
14	$49 \times 7 =$
15	$86 \times 3 =$
16	$59 \times 9 =$
17	$61 \times 4 =$
18	$74 \times 7 =$
19	$174 \div 6 =$
20	$567 \div 7 =$
21	$384 \div 8 =$
22	$387 \div 9 =$
23	$128 \div 4 =$
24	$485 \div 5 =$
25	$100 \div 2 =$
26	$240 \div 3 =$
27	$497 \div 7 =$
28	$312 \div 6 =$

1회	2회

차근차근 주판으로 해 보세요.

1	2	3	4	5
2	97	54	39	5
45	−52	6	86	29
6	76	89	−61	61
98	65	1	−25	8
54	−38	32	56	47

6	7	8	9	10
67	5	62	58	64
75	94	48	− 2	45
54	− 7	79	79	37
41	53	56	5	23
23	−86	13	−97	71

11	12	13	14	15
5	92	86	48	3
93	−49	8	96	69
42	83	27	−79	5
34	−35	4	35	93
2	27	49	−51	48

1회	2회		

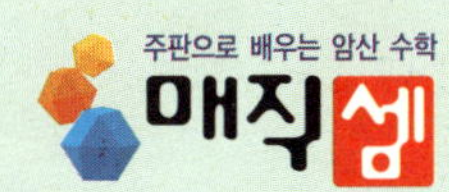

차근차근 주판으로 해 보세요.

1	2	3	4	5
59	3	32	26	74
38	25	26	52	43
65	− 4	64	− 3	35
82	79	13	64	27
41	−87	47	− 8	81

6	7	8	9	10
83	95	8	69	96
7	84	62	84	8
15	−46	9	−75	14
9	69	51	32	5
34	−53	24	−41	67

11	12	13	14	15
75	67	84	8	46
89	− 6	92	63	18
67	23	78	76	57
26	− 8	43	− 7	74
43	47	56	−59	69

1회	2회

차근차근 주판으로 해 보세요.

1	639 × 4 =	21	4,592 ÷ 8 =
2	902 × 2 =	22	2,292 ÷ 6 =
3	275 × 6 =	23	804 ÷ 4 =
4	548 × 8 =	24	280 ÷ 2 =
5	962 × 5 =	25	2,682 ÷ 9 =
6	623 × 3 =	26	2,625 ÷ 7 =
7	508 × 7 =	27	3,290 ÷ 5 =
8	871 × 9 =	28	1,389 ÷ 3 =
9	306 × 8 =	29	1,897 ÷ 7 =
10	679 × 6 =	30	3,612 ÷ 4 =
11	421 × 4 =	31	5,616 ÷ 9 =
12	158 × 2 =	32	630 ÷ 6 =
13	295 × 9 =	33	4,776 ÷ 8 =
14	683 × 7 =	34	4,215 ÷ 5 =
15	104 × 5 =	35	1,042 ÷ 2 =
16	734 × 3 =	36	4,256 ÷ 7 =
17	619 × 4 =	37	3,944 ÷ 4 =
18	825 × 6 =	38	1,000 ÷ 8 =
19	528 × 8 =	39	1,870 ÷ 5 =
20	916 × 2 =	40	8,019 ÷ 9 =

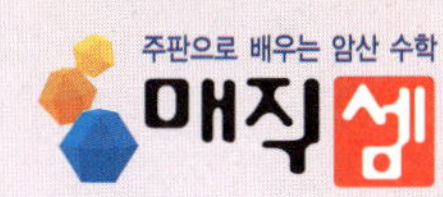

차근차근 주판으로 해 보세요.

1	506 × 5 =	21	2,766 ÷ 6 =
2	632 × 7 =	22	6,256 ÷ 8 =
3	324 × 9 =	23	2,120 ÷ 4 =
4	201 × 3 =	24	1,936 ÷ 2 =
5	148 × 4 =	25	2,758 ÷ 7 =
6	839 × 6 =	26	6,345 ÷ 9 =
7	657 × 8 =	27	2,605 ÷ 5 =
8	312 × 2 =	28	414 ÷ 3 =
9	259 × 9 =	29	3,213 ÷ 7 =
10	947 × 7 =	30	1,656 ÷ 8 =
11	409 × 5 =	31	4,074 ÷ 6 =
12	768 × 3 =	32	2,005 ÷ 5 =
13	193 × 8 =	33	1,758 ÷ 3 =
14	908 × 6 =	34	656 ÷ 2 =
15	372 × 4 =	35	2,008 ÷ 4 =
16	854 × 2 =	36	1,008 ÷ 8 =
17	546 × 7 =	37	8,766 ÷ 9 =
18	312 × 5 =	38	2,296 ÷ 7 =
19	593 × 9 =	39	2,868 ÷ 3 =
20	405 × 6 =	40	1,590 ÷ 5 =

1회	2회	

머릿속에 주판을 그리며 풀어 보세요.

1	2
6 3 + 5 8	6 5 + 3 4

3	4
7 1 − 4 0	5 9 − 4 1

5	6
7 0 8 × 7	3 4 2 × 5

7	8
3) 2 5 2	8) 1 8 4

9	$59 \times 7 =$
10	$41 \times 5 =$
11	$18 \times 9 =$
12	$92 \times 3 =$
13	$40 \times 6 =$
14	$71 \times 8 =$
15	$65 \times 4 =$
16	$34 \times 2 =$
17	$58 \times 7 =$
18	$63 \times 5 =$
19	$564 \div 6 =$
20	$36 \div 3 =$
21	$567 \div 7 =$
22	$445 \div 5 =$
23	$384 \div 8 =$
24	$399 \div 7 =$
25	$162 \div 9 =$
26	$336 \div 8 =$
27	$390 \div 6 =$
28	$96 \div 6 =$

1회	2회

머릿속에 주판을 그리며 풀어 보세요.

1	2
2 8 + 6 7	8 0 + 6 1

3	4
7 9 − 5 2	5 0 − 1 8

5	6
8 0 5 × 7	5 2 9 × 4

7	8
2) 7 2	4) 8 0

9	$49 \times 8 =$
10	$50 \times 6 =$
11	$97 \times 4 =$
12	$34 \times 2 =$
13	$79 \times 9 =$
14	$52 \times 7 =$
15	$61 \times 3 =$
16	$80 \times 5 =$
17	$67 \times 7 =$
18	$28 \times 9 =$
19	$415 \div 5 =$
20	$90 \div 2 =$
21	$490 \div 7 =$
22	$540 \div 6 =$
23	$536 \div 8 =$
24	$272 \div 4 =$
25	$70 \div 2 =$
26	$371 \div 7 =$
27	$100 \div 4 =$
28	$243 \div 9 =$

1회	2회	

차근차근 주판으로 해 보세요.

1	2	3	4	5
6	35	83	59	8
98	83	2	−17	23
1	−62	94	74	91
79	−29	65	56	7
53	54	1	−32	32

6	7	8	9	10
97	4	56	94	29
32	78	68	− 6	31
81	86	35	78	43
46	− 5	97	− 5	67
58	−48	76	34	72

11	12	13	14	15
63	59	5	82	6
9	−37	43	73	48
75	98	32	−21	57
7	−24	9	67	4
46	75	54	−58	89

1회	2회

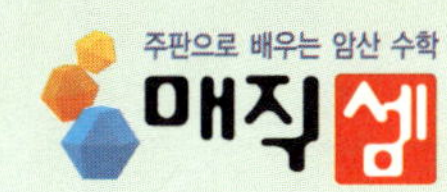

3일차 차근차근 주판으로 해 보세요.

1	2	3	4	5
38	4	68	5	57
67	52	12	39	68
79	−18	76	−17	83
93	63	93	− 6	95
45	− 6	41	24	32

6	7	8	9	10
8	98	9	75	2
73	−32	26	−57	56
17	89	54	89	94
9	−46	5	−36	83
94	63	61	94	5

11	12	13	14	15
64	7	45	87	46
83	79	88	− 4	97
95	− 8	69	25	54
14	32	77	6	22
76	−54	56	−49	71

평가 | 1회 | 2회 | | 확인

차근차근 주판으로 해 보세요.

1	$693 \times 6 =$	21	$6{,}615 \div 7 =$
2	$384 \times 4 =$	22	$2{,}412 \div 9 =$
3	$102 \times 2 =$	23	$4{,}130 \div 5 =$
4	$423 \times 8 =$	24	$762 \div 3 =$
5	$236 \times 7 =$	25	$5{,}442 \div 6 =$
6	$605 \times 5 =$	26	$5{,}704 \div 8 =$
7	$518 \times 3 =$	27	$3{,}892 \div 4 =$
8	$879 \times 9 =$	28	$1{,}300 \div 2 =$
9	$808 \times 4 =$	29	$1{,}638 \div 9 =$
10	$926 \times 6 =$	30	$928 \div 2 =$
11	$174 \times 8 =$	31	$2{,}416 \div 8 =$
12	$435 \times 2 =$	32	$981 \div 3 =$
13	$534 \times 5 =$	33	$6{,}013 \div 7 =$
14	$347 \times 7 =$	34	$432 \div 4 =$
15	$716 \times 3 =$	35	$2{,}856 \div 6 =$
16	$629 \times 9 =$	36	$258 \div 2 =$
17	$908 \times 2 =$	37	$1{,}760 \div 5 =$
18	$978 \times 6 =$	38	$1{,}442 \div 7 =$
19	$781 \times 8 =$	39	$8{,}847 \div 9 =$
20	$150 \times 9 =$	40	$2{,}075 \div 5 =$

1회   2회

차근차근 주판으로 해 보세요.

1	384 × 7 =	21	785 ÷ 5 =
2	102 × 5 =	22	1,035 ÷ 3 =
3	867 × 3 =	23	2,919 ÷ 7 =
4	495 × 9 =	24	2,421 ÷ 9 =
5	521 × 6 =	25	3,220 ÷ 4 =
6	213 × 2 =	26	1,278 ÷ 2 =
7	645 × 4 =	27	2,886 ÷ 6 =
8	827 × 8 =	28	960 ÷ 8 =
9	309 × 9 =	29	1,860 ÷ 4 =
10	645 × 7 =	30	1,698 ÷ 6 =
11	582 × 3 =	31	2,960 ÷ 8 =
12	273 × 5 =	32	382 ÷ 2 =
13	309 × 8 =	33	1,645 ÷ 5 =
14	867 × 4 =	34	1,512 ÷ 3 =
15	670 × 6 =	35	5,502 ÷ 7 =
16	495 × 2 =	36	8,055 ÷ 9 =
17	952 × 5 =	37	2,064 ÷ 4 =
18	213 × 9 =	38	3,618 ÷ 6 =
19	756 × 4 =	39	684 ÷ 2 =
20	569 × 8 =	40	2,280 ÷ 8 =

1회　　2회

머릿속에 주판을 그리며 풀어 보세요.

	1		2

1
$$\begin{array}{r} 7\ 0 \\ +\ 1\ 8 \\ \hline \end{array}$$

2
$$\begin{array}{r} 4\ 8 \\ +\ 2\ 9 \\ \hline \end{array}$$

3
$$\begin{array}{r} 8\ 5 \\ -\ 3\ 9 \\ \hline \end{array}$$

4
$$\begin{array}{r} 4\ 8 \\ -\ 1\ 8 \\ \hline \end{array}$$

5
$$\begin{array}{r} 1\ 8\ 7 \\ \times\quad\ 6 \\ \hline \end{array}$$

6
$$\begin{array}{r} 4\ 8\ 3 \\ \times\quad\ 7 \\ \hline \end{array}$$

7
$$6\,)\,2\ 2\ 2$$
$$2$$

8
$$5\,)\,4\ 0\ 0$$
$$0$$

9	$79 \times 8 =$
10	$42 \times 6 =$
11	$65 \times 4 =$
12	$85 \times 2 =$
13	$23 \times 9 =$
14	$39 \times 7 =$
15	$16 \times 5 =$
16	$48 \times 3 =$
17	$70 \times 2 =$
18	$18 \times 7 =$
19	$336 \div 8 =$
20	$432 \div 6 =$
21	$204 \div 4 =$
22	$343 \div 7 =$
23	$216 \div 9 =$
24	$108 \div 3 =$
25	$240 \div 3 =$
26	$34 \div 2 =$
27	$672 \div 7 =$
28	$295 \div 5 =$

1회	2회

머릿속에 주판을 그리며 풀어 보세요.

1	2
□ 3 2 + 1 9 □ □	□ 9 7 + 2 4 □ □ □

3	4
7 8 − 4 6 □ □	□ □ 3 2 − 1 9 □ □

5	6
□ □ 3 2 9 × 4 □ □ □ □	□ 9 0 2 × 7 □ □ □ □

7	8
□ □ 4) 3 8 8 □ □ □ 8 □ □	□ □ 9) 2 0 7 □ □ □ 7 □ □

9	$78 \times 7 =$
10	$46 \times 9 =$
11	$19 \times 5 =$
12	$32 \times 3 =$
13	$58 \times 6 =$
14	$65 \times 8 =$
15	$24 \times 4 =$
16	$97 \times 2 =$
17	$13 \times 7 =$
18	$32 \times 9 =$
19	$135 \div 5 =$
20	$208 \div 4 =$
21	$56 \div 4 =$
22	$384 \div 8 =$
23	$371 \div 7 =$
24	$32 \div 2 =$
25	$294 \div 3 =$
26	$279 \div 9 =$
27	$474 \div 6 =$
28	$180 \div 3 =$

1회	2회	

차근차근 주판으로 해 보세요.

1	2	3	4	5
8	94	7	53	6
62	58	89	−18	53
94	−29	34	45	41
31	36	8	−31	8
6	−57	25	62	65

6	7	8	9	10
84	9	87	4	93
92	45	78	92	26
26	67	46	−33	38
57	− 8	93	− 6	67
41	−36	62	27	79

11	12	13	14	15
8	57	3	49	5
94	45	79	52	83
56	−16	62	−85	24
7	89	5	76	7
48	−93	41	−68	32

1회	2회

4일차 — 덧셈 뺄셈

차근차근 주판으로 해 보세요.

1	2	3	4	5
38	86	29	5	53
42	− 7	83	92	14
96	25	92	87	37
73	−92	65	− 6	91
51	3	37	−48	46

6	7	8	9	10
4	36	9	48	52
93	88	48	89	7
7	−29	84	−52	21
72	92	7	−37	64
68	−67	66	92	3

11	12	13	14	15
65	3	49	5	98
43	84	91	87	54
72	−17	72	− 6	67
84	68	35	94	36
31	− 4	23	−31	79

평가 · 1회 · 2회 · 확인

차근차근 주판으로 해 보세요.

1	768 × 8 =	21	1,218 ÷ 6 =
2	201 × 6 =	22	3,960 ÷ 8 =
3	483 × 4 =	23	3,056 ÷ 4 =
4	965 × 2 =	24	1,026 ÷ 2 =
5	978 × 9 =	25	4,704 ÷ 7 =
6	150 × 7 =	26	7,281 ÷ 9 =
7	632 × 5 =	27	2,630 ÷ 5 =
8	324 × 3 =	28	1,503 ÷ 3 =
9	534 × 5 =	29	2,346 ÷ 6 =
10	716 × 7 =	30	2,876 ÷ 4 =
11	298 × 9 =	31	476 ÷ 2 =
12	892 × 3 =	32	3,720 ÷ 8 =
13	261 × 4 =	33	3,185 ÷ 5 =
14	174 × 6 =	34	4,123 ÷ 7 =
15	435 × 8 =	35	1,206 ÷ 3 =
16	605 × 2 =	36	1,665 ÷ 9 =
17	518 × 9 =	37	5,820 ÷ 6 =
18	879 × 3 =	38	486 ÷ 3 =
19	756 × 8 =	39	1,981 ÷ 7 =
20	693 × 2 =	40	2,992 ÷ 4 =

1회	2회	

차근차근 주판으로 해 보세요.

1	$625 \times 9 =$	21	$2{,}780 \div 4 =$
2	$334 \times 7 =$	22	$5{,}406 \div 6 =$
3	$498 \times 5 =$	23	$1{,}056 \div 8 =$
4	$807 \times 3 =$	24	$1{,}502 \div 2 =$
5	$716 \times 8 =$	25	$715 \div 5 =$
6	$958 \times 6 =$	26	$6{,}272 \div 7 =$
7	$867 \times 4 =$	27	$5{,}418 \div 9 =$
8	$213 \times 2 =$	28	$1{,}617 \div 3 =$
9	$304 \times 5 =$	29	$7{,}368 \div 8 =$
10	$514 \times 3 =$	30	$4{,}044 \div 6 =$
11	$423 \times 4 =$	31	$1{,}920 \div 4 =$
12	$387 \times 6 =$	32	$390 \div 2 =$
13	$960 \times 8 =$	33	$7{,}848 \div 9 =$
14	$193 \times 2 =$	34	$690 \div 3 =$
15	$372 \times 7 =$	35	$3{,}248 \div 7 =$
16	$285 \times 9 =$	36	$1{,}405 \div 5 =$
17	$546 \times 5 =$	37	$210 \div 2 =$
18	$312 \times 3 =$	38	$5{,}733 \div 9 =$
19	$594 \times 2 =$	39	$3{,}748 \div 4 =$
20	$407 \times 6 =$	40	$5{,}672 \div 8 =$

1회	2회

머릿속에 주판을 그리며 풀어 보세요.

1	2
2 7 + 1 8	5 9 + 8 7

3	4
9 3 − 6 2	3 2 − 1 4

5	6
1 8 7 × 4	8 7 6 × 5

7	8
8) 7 7 6	4) 1 5 6

9. $48 \times 5 =$

10. $32 \times 7 =$

11. $14 \times 9 =$

12. $62 \times 3 =$

13. $93 \times 4 =$

14. $87 \times 6 =$

15. $59 \times 8 =$

16. $35 \times 2 =$

17. $18 \times 7 =$

18. $27 \times 2 =$

19. $704 \div 8 =$

20. $747 \div 9 =$

21. $434 \div 7 =$

22. $518 \div 7 =$

23. $150 \div 3 =$

24. $390 \div 6 =$

25. $246 \div 6 =$

26. $230 \div 5 =$

27. $185 \div 5 =$

28. $124 \div 4 =$

1회	2회

머릿속에 주판을 그리며 풀어 보세요.

1	2

```
   9 7
 + 7 1
 ______
 □ □ □
```

```
   8 3
 + 4 5
 ______
 □ □ □
```

3	4

```
 □ □
   6 2
 - 2 6
 _____
 □ □
```

```
   □ □
   9 0
 - 8 8
 _____
     □
```

5	6

```
     □
   7 1 4
 ×     6
 _______
 □ □ □ □
```

```
   □ □
   4 5 8
 ×     9
 _______
 □ □ □ □
```

7	8

```
   □ □
 2 ) 1 0 2
   □ □
 _______
     2
     □
     □
```

```
   □ □
 5 ) 5 0
   □
 _____
     0
     □
     □
```

9	$38 \times 3 =$
10	$90 \times 6 =$
11	$88 \times 7 =$
12	$54 \times 4 =$
13	$26 \times 9 =$
14	$62 \times 2 =$
15	$45 \times 8 =$
16	$83 \times 3 =$
17	$97 \times 5 =$
18	$71 \times 4 =$
19	$344 \div 4 =$
20	$243 \div 9 =$
21	$174 \div 3 =$
22	$36 \div 2 =$
23	$343 \div 7 =$
24	$184 \div 8 =$
25	$150 \div 5 =$
26	$372 \div 4 =$
27	$207 \div 9 =$
28	$414 \div 6 =$

1회	2회

차근차근 주판으로 해 보세요.

1	2	3	4	5
6	54	33	9	87
84	92	6	75	26
15	−42	88	−27	68
97	76	7	−3	34
3	−38	61	46	79

6	7	8	9	10
86	5	67	43	72
72	78	82	−8	34
44	−63	31	25	59
65	−9	54	−46	48
83	37	26	1	26

11	12	13	14	15
64	67	6	68	9
9	83	75	82	56
56	−25	9	−79	84
5	46	63	−46	15
43	−39	52	59	3

1회	2회		

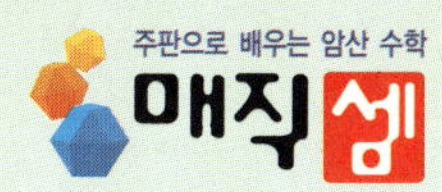

차근차근 주판으로 해 보세요.

1	2	3	4	5
23	5	34	45	29
67	96	28	− 1	83
15	− 39	56	97	37
84	− 7	75	− 23	72
56	28	62	6	46

6	7	8	9	10
54	26	7	25	2
5	68	34	73	84
89	− 47	29	− 52	17
26	94	62	− 19	2
1	− 79	3	44	36

11	12	13	14	15
27	8	52	4	75
59	35	96	35	18
78	73	74	83	36
85	− 4	23	− 7	72
31	− 26	19	− 51	84

1회	2회

차근차근 주판으로 해 보세요.

1	435 × 2 =	21	602 ÷ 2 =
2	526 × 4 =	22	3,696 ÷ 8 =
3	392 × 6 =	23	4,554 ÷ 6 =
4	201 × 8 =	24	3,364 ÷ 4 =
5	657 × 3 =	25	1,799 ÷ 7 =
6	748 × 5 =	26	3,474 ÷ 9 =
7	281 × 7 =	27	4,870 ÷ 5 =
8	905 × 9 =	28	2,418 ÷ 3 =
9	546 × 2 =	29	772 ÷ 4 =
10	635 × 4 =	30	1,776 ÷ 6 =
11	281 × 5 =	31	5,616 ÷ 8 =
12	905 × 7 =	32	1,662 ÷ 2 =
13	463 × 9 =	33	2,725 ÷ 5 =
14	736 × 8 =	34	1,652 ÷ 7 =
15	450 × 2 =	35	7,641 ÷ 9 =
16	905 × 4 =	36	2,103 ÷ 3 =
17	182 × 7 =	37	3,252 ÷ 4 =
18	847 × 5 =	38	5,652 ÷ 6 =
19	756 × 6 =	39	5,264 ÷ 8 =
20	293 × 4 =	40	1,138 ÷ 2 =

1회   2회

차근차근 주판으로 해 보세요.

1	574 × 3 =	21	860 ÷ 5 =
2	170 × 5 =	22	1,428 ÷ 7 =
3	894 × 7 =	23	987 ÷ 3 =
4	352 × 9 =	24	3,159 ÷ 9 =
5	403 × 2 =	25	3,888 ÷ 6 =
6	312 × 4 =	26	5,752 ÷ 8 =
7	768 × 6 =	27	3,696 ÷ 4 =
8	859 × 8 =	28	810 ÷ 2 =
9	697 × 9 =	29	1,128 ÷ 3 =
10	832 × 7 =	30	1,465 ÷ 5 =
11	415 × 5 =	31	1,015 ÷ 7 =
12	697 × 3 =	32	4,554 ÷ 9 =
13	832 × 8 =	33	1,374 ÷ 2 =
14	415 × 6 =	34	3,840 ÷ 4 =
15	403 × 4 =	35	4,872 ÷ 6 =
16	312 × 2 =	36	5,880 ÷ 8 =
17	768 × 8 =	37	3,870 ÷ 9 =
18	859 × 5 =	38	512 ÷ 2 =
19	170 × 9 =	39	1,432 ÷ 8 =
20	894 × 4 =	40	2,454 ÷ 3 =

1회　　2회

머릿속에 주판을 그리며 풀어 보세요.

1	2
☐ 2 8 + 1 5 ☐ ☐	☐ 4 3 + 2 7 ☐ ☐

3	4
☐ ☐ 4 6 − 1 9 ☐ ☐	☐ ☐ 9 5 − 7 8 ☐ ☐

5	6
☐ 1 0 5 × 5 ☐ ☐ ☐	☐ ☐ 8 9 2 × 7 ☐ ☐ ☐ ☐

7	8
☐ ☐ 9) 4 0 5 ☐ ☐ ☐ 5 ☐ ☐ ☐	☐ ☐ 7) 9 1 ☐ ☐ 1 ☐ ☐

9. $95 \times 2 =$

10. $78 \times 8 =$

11. $16 \times 6 =$

12. $32 \times 4 =$

13. $46 \times 3 =$

14. $89 \times 9 =$

15. $27 \times 7 =$

16. $43 \times 4 =$

17. $15 \times 5 =$

18. $28 \times 8 =$

19. $384 \div 8 =$

20. $423 \div 9 =$

21. $114 \div 2 =$

22. $324 \div 6 =$

23. $549 \div 9 =$

24. $147 \div 7 =$

25. $96 \div 3 =$

26. $150 \div 3 =$

27. $567 \div 7 =$

28. $696 \div 8 =$

1회	2회

머릿속에 주판을 그리며 풀어 보세요.

1	**2**

3 8
+ 2 6

9 3
+ 2 5

3	**4**

7 5
− 4 6

9 6
− 5 8

5	**6**

2 4 0
×   5

1 8 2
×   2

7	**8**

4) 3 0 0
0

6) 4 7 4
4

9	$14 \times 9 =$
10	$96 \times 7 =$
11	$53 \times 5 =$
12	$78 \times 3 =$
13	$46 \times 8 =$
14	$75 \times 6 =$
15	$21 \times 4 =$
16	$93 \times 2 =$
17	$26 \times 8 =$
18	$38 \times 9 =$
19	$240 \div 4 =$
20	$156 \div 6 =$
21	$273 \div 3 =$
22	$182 \div 2 =$
23	$280 \div 5 =$
24	$140 \div 5 =$
25	$217 \div 7 =$
26	$296 \div 4 =$
27	$57 \div 3 =$
28	$392 \div 8 =$

1회	2회

차근차근 주판으로 해 보세요.

1	2	3	4	5
29	8	42	64	48
61	45	86	− 5	96
47	− 3	54	78	17
83	64	35	− 6	84
58	82	98	−29	35
35	−92	29	81	72
94	− 7	71	2	53

6	7	8	9	10
9	52	69	34	8
93	83	− 3	68	56
− 2	29	42	26	−47
21	65	− 5	77	5
− 5	47	21	59	62
−37	94	− 9	25	−13
56	78	56	42	− 4

11	12	13	14	15
83	5	58	84	75
17	76	92	−31	13
55	− 8	41	− 2	34
76	− 5	79	48	82
23	52	36	9	61
61	−61	85	−65	79
49	91	67	3	14

1회	2회	

차근차근 주판으로 해 보세요.

1	2	3	4	5
64	42	85	77	6
92	23	− 9	38	78
− 3	14	97	45	− 9
6	86	− 8	19	62
38	39	−26	62	− 7
−27	77	3	83	34
− 1	54	42	24	−25

6	7	8	9	10
45	83	64	73	58
63	− 4	85	− 4	12
57	5	17	45	71
24	91	78	− 7	34
71	− 7	62	69	26
39	32	93	8	49
84	−41	21	−92	85

11	12	13	14	15
83	89	3	95	96
− 7	96	57	87	− 2
−25	54	− 5	53	25
6	41	46	46	− 4
9	22	− 9	32	7
−31	18	21	94	−83
58	37	−74	67	38

1회	2회	

차근차근 주판으로 해 보세요.

1	405 × 2 =	21	2,439 ÷ 9 =
2	586 × 9 =	22	1,490 ÷ 2 =
3	768 × 6 =	23	2,406 ÷ 3 =
4	219 × 3 =	24	1,040 ÷ 8 =
5	938 × 8 =	25	1,617 ÷ 7 =
6	287 × 4 =	26	4,360 ÷ 5 =
7	875 × 5 =	27	530 ÷ 5 =
8	594 × 7 =	28	807 ÷ 3 =
9	965 × 5 =	29	5,688 ÷ 6 =
10	372 × 8 =	30	896 ÷ 7 =
11	350 × 7 =	31	2,296 ÷ 4 =
12	971 × 3 =	32	7,263 ÷ 9 =
13	654 × 2 =	33	2,660 ÷ 5 =
14	262 × 4 =	34	3,016 ÷ 4 =
15	418 × 9 =	35	5,712 ÷ 7 =
16	827 × 6 =	36	4,680 ÷ 5 =
17	863 × 8 =	37	4,856 ÷ 8 =
18	249 × 7 =	38	7,236 ÷ 9 =
19	743 × 5 =	39	2,868 ÷ 3 =
20	150 × 2 =	40	5,480 ÷ 8 =

차근차근 주판으로 해 보세요.

1	734 × 3 =		21	5,808 ÷ 6 =
2	905 × 5 =		22	1,928 ÷ 8 =
3	312 × 7 =		23	5,400 ÷ 8 =
4	561 × 9 =		24	5,898 ÷ 6 =
5	978 × 2 =		25	2,160 ÷ 4 =
6	614 × 8 =		26	2,824 ÷ 4 =
7	423 × 6 =		27	764 ÷ 2 =
8	319 × 4 =		28	1,346 ÷ 2 =
9	475 × 2 =		29	2,619 ÷ 9 =
10	756 × 8 =		30	4,680 ÷ 9 =
11	534 × 6 =		31	360 ÷ 3 =
12	257 × 4 =		32	6,587 ÷ 7 =
13	836 × 3 =		33	6,706 ÷ 7 =
14	645 × 9 =		34	2,410 ÷ 5 =
15	462 × 7 =		35	1,870 ÷ 5 =
16	708 × 5 =		36	717 ÷ 3 =
17	989 × 2 =		37	5,248 ÷ 8 =
18	201 × 6 =		38	744 ÷ 4 =
19	273 × 4 =		39	878 ÷ 2 =
20	819 × 9 =		40	3,024 ÷ 6 =

1회	2회	

머릿속에 주판을 그리며 풀어 보세요.

1	2
676 $+\ 13$	853 $+\ 94$

3	4
208 $-\ 39$	796 $-\ 23$

5	6
806 $\times\ \ 5$	241 $\times\ \ 3$

7	8
$2\overline{)166}$	$6\overline{)138}$

9	$86 \times 6 =$
10	$50 \times 4 =$
11	$41 \times 2 =$
12	$79 \times 9 =$
13	$23 \times 7 =$
14	$20 \times 8 =$
15	$94 \times 5 =$
16	$85 \times 3 =$
17	$13 \times 2 =$
18	$67 \times 6 =$
19	$568 \div 8 =$
20	$280 \div 5 =$
21	$408 \div 8 =$
22	$144 \div 2 =$
23	$368 \div 4 =$
24	$567 \div 7 =$
25	$204 \div 6 =$
26	$270 \div 3 =$
27	$531 \div 9 =$
28	$204 \div 6 =$

1회	2회

머릿속에 주판을 그리며 풀어 보세요.

1	2
907 + 46	189 + 27

3	4
273 − 53	347 − 80

5	6
975 × 4	526 × 7

7	8
9) 666	5) 85

9. $97 \times 5 =$

10. $61 \times 4 =$

11. $52 \times 6 =$

12. $80 \times 8 =$

13. $34 \times 7 =$

14. $53 \times 5 =$

15. $27 \times 3 =$

16. $18 \times 9 =$

17. $46 \times 2 =$

18. $90 \times 7 =$

19. $183 \div 3 =$

20. $558 \div 9 =$

21. $474 \div 6 =$

22. $760 \div 8 =$

23. $588 \div 7 =$

24. $344 \div 4 =$

25. $62 \div 2 =$

26. $585 \div 9 =$

27. $410 \div 5 =$

28. $390 \div 5 =$

1회	2회

차근차근 주판으로 해 보세요.

1	2	3	4	5
95	4	98	75	43
37	62	67	− 3	89
19	−21	36	42	52
56	8	84	− 9	36
73	43	29	−24	64
69	− 6	12	8	91
41	−87	54	61	79

6	7	8	9	10
84	58	53	65	36
8	96	− 9	83	− 8
−36	24	61	31	47
− 5	15	−27	12	− 4
42	62	5	73	92
−7	41	−46	51	3
68	87	4	47	−75

11	12	13	14	15
62	65	72	7	92
81	− 1	54	51	58
24	27	26	− 9	79
48	− 6	13	28	26
93	8	85	− 5	64
76	93	98	−43	35
51	−82	32	64	41

1회	2회	

차근차근 주판으로 해 보세요.

1	2	3	4	5
34	7	72	85	46
78	71	46	− 3	18
96	− 9	13	−32	97
45	58	34	9	54
82	− 5	89	44	29
57	−23	71	67	35
63	81	29	− 8	63

6	7	8	9	10
6	37	86	25	68
52	56	− 8	13	− 4
−24	83	−39	84	46
− 5	48	92	37	− 7
98	15	7	72	95
−43	24	− 4	49	−32
9	62	71	58	8

11	12	13	14	15
53	47	52	54	89
19	− 3	38	42	75
62	25	74	− 3	47
85	− 6	16	− 6	98
47	39	95	91	36
23	−14	64	8	20
71	6	41	−87	59

1회	2회

차근차근 주판으로 해 보세요.

1	256 × 2 =	21	2,244 ÷ 3 =
2	472 × 4 =	22	7,176 ÷ 8 =
3	527 × 6 =	23	1,458 ÷ 9 =
4	869 × 8 =	24	1,524 ÷ 2 =
5	617 × 3 =	25	1,410 ÷ 6 =
6	758 × 5 =	26	3,528 ÷ 7 =
7	138 × 7 =	27	5,224 ÷ 8 =
8	425 × 9 =	28	2,065 ÷ 5 =
9	954 × 2 =	29	608 ÷ 2 =
10	536 × 8 =	30	3,144 ÷ 4 =
11	268 × 3 =	31	2,912 ÷ 4 =
12	397 × 9 =	32	3,084 ÷ 6 =
13	805 × 4 =	33	2,673 ÷ 3 =
14	192 × 7 =	34	6,510 ÷ 7 =
15	506 × 5 =	35	6,876 ÷ 9 =
16	647 × 6 =	36	702 ÷ 3 =
17	791 × 9 =	37	632 ÷ 4 =
18	620 × 8 =	38	868 ÷ 4 =
19	394 × 5 =	39	784 ÷ 2 =
20	812 × 4 =	40	6,345 ÷ 9 =

차근차근 주판으로 해 보세요.

1	602 × 3 =	21	6,902 ÷ 7 =
2	957 × 5 =	22	1,345 ÷ 5 =
3	701 × 7 =	23	1,203 ÷ 3 =
4	270 × 9 =	24	3,330 ÷ 9 =
5	358 × 2 =	25	2,303 ÷ 7 =
6	589 × 4 =	26	2,560 ÷ 5 =
7	962 × 6 =	27	8,640 ÷ 9 =
8	478 × 8 =	28	2,724 ÷ 3 =
9	179 × 2 =	29	2,304 ÷ 6 =
10	923 × 8 =	30	4,416 ÷ 6 =
11	485 × 3 =	31	1,828 ÷ 4 =
12	136 × 9 =	32	1,216 ÷ 8 =
13	753 × 7 =	33	1,084 ÷ 2 =
14	128 × 4 =	34	1,604 ÷ 4 =
15	346 × 6 =	35	2,344 ÷ 8 =
16	903 × 5 =	36	1,968 ÷ 2 =
17	681 × 4 =	37	4,319 ÷ 7 =
18	267 × 2 =	38	6,534 ÷ 9 =
19	914 × 5 =	39	4,045 ÷ 5 =
20	540 × 9 =	40	1,905 ÷ 3 =

1회	2회	

머릿속에 주판을 그리며 풀어 보세요.

1	2
519 + 74	393 + 26

3	4
874 − 39	125 − 68

5	6
757 × 9	308 × 3

7	8
9)306	4)124

9. $75 \times 7 =$

10. $49 \times 6 =$

11. $30 \times 8 =$

12. $68 \times 9 =$

13. $12 \times 5 =$

14. $87 \times 4 =$

15. $26 \times 2 =$

16. $39 \times 3 =$

17. $14 \times 4 =$

18. $51 \times 9 =$

19. $200 \div 4 =$

20. $203 \div 7 =$

21. $469 \div 7 =$

22. $200 \div 5 =$

23. $558 \div 6 =$

24. $240 \div 4 =$

25. $180 \div 9 =$

26. $42 \div 2 =$

27. $568 \div 8 =$

28. $333 \div 9 =$

1회	2회

머릿속에 주판을 그리며 풀어 보세요.

	1		2
	$718 + 96$		$592 + 83$

	3		4
	$406 - 21$		$989 - 37$

	5		6
	592×4		406×7

	7		8
	$3 \overline{)225}$		$7 \overline{)392}$

9	$98 \times 9 =$
10	$37 \times 7 =$
11	$42 \times 5 =$
12	$56 \times 3 =$
13	$21 \times 8 =$
14	$40 \times 6 =$
15	$83 \times 4 =$
16	$59 \times 2 =$
17	$96 \times 9 =$
18	$71 \times 8 =$
19	$147 \div 3 =$
20	$425 \div 5 =$
21	$396 \div 9 =$
22	$483 \div 7 =$
23	$324 \div 4 =$
24	$243 \div 3 =$
25	$354 \div 6 =$
26	$368 \div 8 =$
27	$135 \div 5 =$
28	$284 \div 4 =$

1회	2회

차근차근 주판으로 해 보세요.

1	2	3	4	5
96	35	82	97	64
− 8	23	− 6	62	− 8
47	92	34	31	46
4	49	−23	58	− 5
5	84	5	35	−32
−62	67	48	43	7
−23	78	− 1	74	93

6	7	8	9	10
89	45	74	8	73
45	− 9	61	39	67
91	67	30	− 6	95
27	− 6	28	71	24
32	−23	43	−14	46
65	8	16	− 5	59
76	84	87	82	12

11	12	13	14	15
93	38	4	59	69
− 7	12	52	95	− 3
45	29	79	37	91
− 4	56	− 8	46	− 7
71	64	−83	73	42
6	51	−36	28	5
−69	97	2	82	−74

차근차근 주판으로 해 보세요.

1	2	3	4	5
25	76	68	85	83
84	− 8	45	−21	62
91	9	26	3	29
26	42	62	− 4	71
47	− 3	93	97	45
92	−21	21	−32	67
69	89	87	6	86

6	7	8	9	10
74	62	92	63	2
− 8	43	−21	57	86
−26	64	8	36	94
7	36	74	25	− 5
95	28	− 6	89	48
82	47	65	72	−23
− 3	95	− 7	48	− 6

11	12	13	14	15
67	63	98	65	82
82	− 7	52	− 1	36
51	45	29	81	54
43	− 4	76	− 8	23
28	91	55	43	35
95	−36	43	4	48
74	9	97	−59	72

1회	2회

차근차근 주판으로 해 보세요.

	문제		문제
1	435 × 4 =	21	843 ÷ 3 =
2	157 × 6 =	22	2,540 ÷ 5 =
3	209 × 8 =	23	8,190 ÷ 9 =
4	946 × 2 =	24	2,037 ÷ 3 =
5	208 × 5 =	25	1,422 ÷ 6 =
6	713 × 7 =	26	2,560 ÷ 8 =
7	178 × 3 =	27	1,980 ÷ 4 =
8	784 × 9 =	28	4,284 ÷ 6 =
9	351 × 2 =	29	1,734 ÷ 2 =
10	412 × 8 =	30	1,980 ÷ 4 =
11	268 × 3 =	31	6,256 ÷ 8 =
12	673 × 9 =	32	1,136 ÷ 2 =
13	408 × 7 =	33	2,820 ÷ 3 =
14	189 × 4 =	34	530 ÷ 5 =
15	935 × 5 =	35	2,821 ÷ 7 =
16	687 × 8 =	36	4,144 ÷ 7 =
17	459 × 6 =	37	1,089 ÷ 9 =
18	152 × 9 =	38	6,606 ÷ 9 =
19	379 × 2 =	39	1,392 ÷ 4 =
20	985 × 5 =	40	2,625 ÷ 3 =

1회	2회

차근차근 주판으로 해 보세요.

1	431 × 5 =	21	568 ÷ 4 =
2	182 × 7 =	22	3,036 ÷ 6 =
3	327 × 3 =	23	7,840 ÷ 8 =
4	108 × 9 =	24	4,879 ÷ 7 =
5	859 × 6 =	25	912 ÷ 6 =
6	752 × 8 =	26	4,914 ÷ 9 =
7	219 × 4 =	27	1,472 ÷ 2 =
8	605 × 2 =	28	3,590 ÷ 5 =
9	429 × 3 =	29	2,045 ÷ 5 =
10	390 × 5 =	30	1,176 ÷ 3 =
11	748 × 7 =	31	882 ÷ 7 =
12	653 × 9 =	32	6,592 ÷ 8 =
13	476 × 2 =	33	3,456 ÷ 9 =
14	815 × 4 =	34	2,384 ÷ 4 =
15	986 × 6 =	35	1,425 ÷ 3 =
16	637 × 8 =	36	356 ÷ 2 =
17	949 × 3 =	37	2,670 ÷ 5 =
18	206 × 4 =	38	3,879 ÷ 9 =
19	637 × 5 =	39	4,249 ÷ 7 =
20	572 × 8 =	40	5,775 ÷ 7 =

1회	2회

머릿속에 주판을 그리며 풀어 보세요.

1	2
288 + 92	189 + 57

3	4
392 − 72	486 − 57

5	6
602 × 5	576 × 8

7	8
5) 115	7) 133

9. $39 \times 2 =$

10. $72 \times 4 =$

11. $48 \times 6 =$

12. $56 \times 8 =$

13. $43 \times 3 =$

14. $62 \times 5 =$

15. $57 \times 7 =$

16. $18 \times 9 =$

17. $92 \times 7 =$

18. $28 \times 8 =$

19. $360 \div 9 =$

20. $522 \div 6 =$

21. $720 \div 8 =$

22. $177 \div 3 =$

23. $369 \div 9 =$

24. $145 \div 5 =$

25. $434 \div 7 =$

26. $132 \div 6 =$

27. $265 \div 5 =$

28. $376 \div 8 =$

머릿속에 주판을 그리며 풀어 보세요.

1	2
$848 + 53$	$699 + 17$

3	4
$937 - 18$	$842 - 78$

5	6
266×8	605×7

7	8
$2 \overline{)54}$	$4 \overline{)48}$

9	$26 \times 6 =$
10	$34 \times 8 =$
11	$65 \times 4 =$
12	$84 \times 2 =$
13	$27 \times 5 =$
14	$93 \times 7 =$
15	$17 \times 3 =$
16	$69 \times 9 =$
17	$53 \times 4 =$
18	$84 \times 8 =$
19	$819 \div 9 =$
20	$290 \div 5 =$
21	$182 \div 7 =$
22	$112 \div 8 =$
23	$152 \div 4 =$
24	$477 \div 9 =$
25	$141 \div 3 =$
26	$287 \div 7 =$
27	$324 \div 6 =$
28	$72 \div 4 =$

1회   2회

차근차근 주판으로 해 보세요.

1	2	3	4	5
86	7	83	6	87
32	91	65	28	23
74	−24	32	− 7	35
23	8	91	54	14
55	−55	24	−62	46
79	73	79	73	59
61	− 4	41	− 5	78

6	7	8	9	10
32	83	78	67	42
− 8	42	−24	31	76
49	89	− 6	29	− 4
− 6	24	65	43	45
24	92	82	78	− 8
5	65	− 7	25	83
−83	76	6	94	− 9

11	12	13	14	15
93	8	79	4	68
57	52	65	92	96
45	91	57	−23	24
36	− 4	28	6	87
69	85	23	−37	59
24	− 7	82	− 9	75
52	−21	64	65	81

1회	2회		확인

차근차근 주판으로 해 보세요.

1	2	3	4	5
9	84	3	78	6
63	78	97	42	85
91	36	− 5	61	− 8
−52	57	46	94	−44
− 5	45	−29	89	72
7	92	− 4	46	7
−66	14	72	25	−29

6	7	8	9	10
83	2	67	6	93
69	28	43	58	25
72	79	35	67	32
21	− 6	74	− 4	49
42	−24	46	89	24
35	93	89	−72	67
86	− 5	52	− 3	78

11	12	13	14	15
7	84	4	89	5
79	32	71	45	49
− 8	96	−42	37	− 7
−25	23	− 8	76	−26
83	46	53	13	83
4	98	− 6	94	2
−61	51	67	62	−58

1회	2회

차근차근 주판으로 해 보세요.

#	곱셈	#	나눗셈
1	671 × 9 =	21	1,502 ÷ 2 =
2	329 × 7 =	22	556 ÷ 4 =
3	846 × 3 =	23	3,504 ÷ 8 =
4	467 × 5 =	24	4,416 ÷ 6 =
5	950 × 8 =	25	5,760 ÷ 6 =
6	134 × 6 =	26	4,008 ÷ 8 =
7	742 × 2 =	27	1,012 ÷ 4 =
8	236 × 4 =	28	364 ÷ 2 =
9	732 × 3 =	29	2,763 ÷ 3 =
10	801 × 5 =	30	3,200 ÷ 5 =
11	416 × 7 =	31	2,472 ÷ 3 =
12	245 × 9 =	32	2,088 ÷ 9 =
13	826 × 2 =	33	4,790 ÷ 5 =
14	790 × 4 =	34	2,289 ÷ 7 =
15	373 × 6 =	35	5,607 ÷ 7 =
16	569 × 8 =	36	7,731 ÷ 9 =
17	957 × 7 =	37	2,169 ÷ 3 =
18	781 × 9 =	38	432 ÷ 4 =
19	405 × 6 =	39	2,432 ÷ 8 =
20	689 × 8 =	40	5,082 ÷ 6 =

1회	2회	

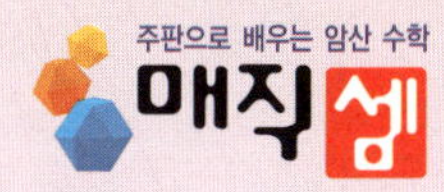

차근차근 주판으로 해 보세요.

1	839 × 8 =	21	1,256 ÷ 2 =
2	125 × 6 =	22	4,896 ÷ 8 =
3	798 × 4 =	23	945 ÷ 9 =
4	842 × 2 =	24	1,870 ÷ 2 =
5	746 × 9 =	25	4,459 ÷ 7 =
6	519 × 7 =	26	1,030 ÷ 5 =
7	687 × 5 =	27	3,924 ÷ 4 =
8	731 × 3 =	28	6,881 ÷ 7 =
9	985 × 2 =	29	3,545 ÷ 5 =
10	762 × 4 =	30	1,245 ÷ 3 =
11	413 × 6 =	31	1,356 ÷ 3 =
12	286 × 8 =	32	6,606 ÷ 9 =
13	910 × 3 =	33	1,072 ÷ 4 =
14	646 × 5 =	34	2,164 ÷ 4 =
15	302 × 7 =	35	1,724 ÷ 2 =
16	175 × 9 =	36	5,808 ÷ 8 =
17	235 × 4 =	37	3,294 ÷ 6 =
18	408 × 8 =	38	2,724 ÷ 3 =
19	895 × 5 =	39	7,256 ÷ 8 =
20	352 × 9 =	40	5,184 ÷ 9 =

1회	2회

머릿속에 주판을 그리며 풀어 보세요.

1	2
825 + 41	□□ 698 + 57

3	4
395 − 12	□□ 509 − 34

5	6
□□ 417 × 8	□ 508 × 2

7	8
8) 600	6) 204

9	$39 \times 5 =$
10	$12 \times 7 =$
11	$50 \times 9 =$
12	$76 \times 3 =$
13	$48 \times 6 =$
14	$73 \times 4 =$
15	$58 \times 2 =$
16	$69 \times 8 =$
17	$41 \times 7 =$
18	$82 \times 5 =$
19	$212 \div 4 =$
20	$204 \div 3 =$
21	$376 \div 8 =$
22	$612 \div 9 =$
23	$56 \div 2 =$
24	$712 \div 8 =$
25	$546 \div 6 =$
26	$52 \div 2 =$
27	$532 \div 7 =$
28	$658 \div 7 =$

1회	2회	

머릿속에 주판을 그리며 풀어 보세요.

1	2
5 1 4 + 3 4	9 8 2 + 4 9

3	4
4 2 7 − 6 0	7 2 8 − 3 4

5	6
7 5 4 × 7	3 6 3 × 2

7	8
9) 5 2 2	8) 2 2 4

9	$51 \times 4 =$
10	$34 \times 6 =$
11	$72 \times 8 =$
12	$98 \times 2 =$
13	$60 \times 5 =$
14	$42 \times 7 =$
15	$36 \times 3 =$
16	$18 \times 9 =$
17	$75 \times 4 =$
18	$91 \times 7 =$
19	$205 \div 5 =$
20	$65 \div 5 =$
21	$675 \div 9 =$
22	$63 \div 3 =$
23	$117 \div 3 =$
24	$384 \div 4 =$
25	$504 \div 8 =$
26	$342 \div 9 =$
27	$192 \div 2 =$
28	$360 \div 8 =$

1회	2회

차근차근 주판으로 해 보세요.

1	2	3	4	5
48	3	54	9	86
62	67	48	43	98
91	− 5	26	91	29
44	46	57	−72	42
29	− 9	35	− 5	67
86	−34	72	67	73
75	92	93	− 6	19

6	7	8	9	10
5	76	4	82	7
23	59	62	86	91
91	47	−23	34	− 9
−74	63	− 6	25	43
− 7	54	48	48	− 8
42	91	− 7	73	−25
− 9	24	76	12	84

11	12	13	14	15
87	4	75	3	56
62	62	39	84	68
10	− 3	47	− 5	49
43	26	58	−31	72
34	− 8	26	47	47
56	47	63	92	13
22	−69	82	− 9	89

1회	2회		

차근차근 주판으로 해 보세요.

1	2	3	4	5
67	62	96	87	43
93	8	82	− 9	19
25	−24	24	73	51
89	− 9	35	− 8	32
21	46	77	65	25
54	5	81	4	97
36	−53	19	−42	76

6	7	8	9	10
48	47	96	62	67
−24	79	−42	47	− 3
− 6	53	− 4	71	−25
67	68	25	34	76
35	35	8	52	− 4
− 9	27	79	86	8
3	82	− 7	90	52

11	12	13	14	15
99	79	56	95	78
41	85	− 8	74	− 3
− 3	37	49	23	46
26	68	72	30	7
− 8	46	− 7	57	−29
87	23	64	62	− 5
− 5	92	− 3	29	82

1회	2회	

차근차근 주판으로 해 보세요.

1	397 × 7 =	21	1,182 ÷ 3 =
2	643 × 9 =	22	2,960 ÷ 5 =
3	829 × 6 =	23	4,060 ÷ 5 =
4	342 × 8 =	24	693 ÷ 3 =
5	607 × 3 =	25	1,428 ÷ 7 =
6	159 × 6 =	26	6,370 ÷ 7 =
7	968 × 7 =	27	5,868 ÷ 9 =
8	504 × 4 =	28	6,642 ÷ 9 =
9	260 × 2 =	29	1,674 ÷ 2 =
10	948 × 3 =	30	1,024 ÷ 4 =
11	576 × 6 =	31	5,608 ÷ 8 =
12	152 × 8 =	32	2,412 ÷ 6 =
13	953 × 4 =	33	764 ÷ 4 =
14	327 × 2 =	34	1,472 ÷ 8 =
15	188 × 7 =	35	1,974 ÷ 6 =
16	754 × 9 =	36	986 ÷ 2 =
17	936 × 5 =	37	3,528 ÷ 7 =
18	107 × 3 =	38	4,725 ÷ 7 =
19	263 × 8 =	39	4,482 ÷ 9 =
20	988 × 9 =	40	4,045 ÷ 5 =

1회	2회	

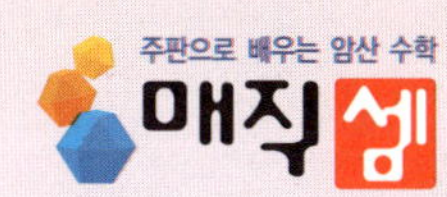

차근차근 주판으로 해 보세요.

1	236 × 6 =	21	3,395 ÷ 5 =
2	615 × 8 =	22	1,881 ÷ 3 =
3	493 × 4 =	23	1,548 ÷ 3 =
4	382 × 2 =	24	1,305 ÷ 9 =
5	316 × 5 =	25	1,214 ÷ 2 =
6	504 × 7 =	26	1,548 ÷ 4 =
7	821 × 3 =	27	1,368 ÷ 4 =
8	493 × 9 =	28	5,424 ÷ 6 =
9	675 × 3 =	29	1,404 ÷ 6 =
10	964 × 5 =	30	3,328 ÷ 8 =
11	583 × 7 =	31	2,448 ÷ 8 =
12	837 × 9 =	32	1,250 ÷ 2 =
13	750 × 2 =	33	4,305 ÷ 7 =
14	694 × 4 =	34	2,632 ÷ 7 =
15	948 × 6 =	35	4,485 ÷ 5 =
16	892 × 8 =	36	3,572 ÷ 4 =
17	719 × 3 =	37	2,052 ÷ 3 =
18	534 × 7 =	38	1,830 ÷ 6 =
19	726 × 6 =	39	3,645 ÷ 9 =
20	788 × 4 =	40	284 ÷ 2 =

1회　　　2회

머릿속에 주판을 그리며 풀어 보세요.

1	2
9 4 8 + 5 7	3 2 3 + 5 2

3	4
5 2 5 − 9 1	7 8 2 − 7 8

5	6
6 1 8 × 6	4 5 4 × 7

7	8
4) 1 0 0	7) 5 8 8

9. $61 \times 8 =$

10. $37 \times 6 =$

11. $45 \times 4 =$

12. $78 \times 2 =$

13. $64 \times 9 =$

14. $91 \times 7 =$

15. $52 \times 5 =$

16. $32 \times 3 =$

17. $51 \times 4 =$

18. $94 \times 8 =$

19. $228 \div 3 =$

20. $76 \div 2 =$

21. $178 \div 2 =$

22. $205 \div 5 =$

23. $120 \div 4 =$

24. $384 \div 6 =$

25. $408 \div 8 =$

26. $189 \div 9 =$

27. $252 \div 6 =$

28. $364 \div 7 =$

1회	2회

머릿속에 주판을 그리며 풀어 보세요.

1	2
506 + 47	785 + 73

3	4
902 − 47	827 − 68

5	6
176 × 8	739 × 4

7	8
2)30	3)81

9. $60 \times 7 =$

10. $78 \times 5 =$

11. $54 \times 3 =$

12. $73 \times 9 =$

13. $16 \times 6 =$

14. $82 \times 4 =$

15. $90 \times 2 =$

16. $98 \times 8 =$

17. $17 \times 2 =$

18. $50 \times 6 =$

19. $392 \div 4 =$

20. $465 \div 5 =$

21. $64 \div 2 =$

22. $201 \div 3 =$

23. $585 \div 9 =$

24. $464 \div 8 =$

25. $180 \div 5 =$

26. $480 \div 6 =$

27. $280 \div 7 =$

28. $384 \div 4 =$

차근차근 주판으로 해 보세요.

1	2	3	4	5
34	371	923	478	599
243	945	15	861	31
26	−528	687	−329	687
657	852	32	−295	74
485	−564	874	936	895

6	7	8	9	10
589	158	48	752	74
76	972	124	−184	159
624	−436	205	713	38
45	−268	76	−349	962
321	835	632	986	354

11	12	13	14	15
45	714	478	625	269
379	−538	86	304	81
81	962	613	672	835
95	593	32	−219	417
478	−287	294	−958	54

1회	2회	

차근차근 주판으로 해 보세요.

1	2	3	4	5
478	62	256	562	428
806	403	849	− 48	932
615	719	347	839	156
532	− 38	967	− 17	687
704	−465	381	906	472

6	7	8	9	10
394	256	865	34	605
865	− 48	478	426	132
256	834	615	− 45	764
684	917	329	985	928
913	− 75	587	− 54	351

11	12	13	14	15
317	82	812	897	415
145	604	405	− 76	537
738	495	976	624	728
209	− 57	362	145	894
692	−763	679	− 53	582

1회	2회

차근차근 주판으로 해 보세요.

1	85 × 62 =	21	576 ÷ 96 =
2	39 × 90 =	22	384 ÷ 48 =
3	67 × 69 =	23	128 ÷ 32 =
4	14 × 52 =	24	100 ÷ 50 =
5	78 × 35 =	25	497 ÷ 71 =
6	13 × 84 =	26	810 ÷ 90 =
7	96 × 12 =	27	375 ÷ 75 =
8	74 × 97 =	28	102 ÷ 34 =
9	57 × 13 =	29	549 ÷ 61 =
10	73 × 80 =	30	164 ÷ 82 =
11	12 × 19 =	31	728 ÷ 91 =
12	75 × 60 =	32	216 ÷ 72 =
13	18 × 27 =	33	392 ÷ 56 =
14	97 × 93 =	34	332 ÷ 83 =
15	20 × 50 =	35	220 ÷ 44 =
16	63 × 75 =	36	372 ÷ 62 =
17	42 × 91 =	37	148 ÷ 74 =
18	85 × 65 =	38	180 ÷ 20 =
19	63 × 86 =	39	104 ÷ 13 =
20	81 × 37 =	40	425 ÷ 85 =

차근차근 주판으로 해 보세요.

1	32 × 45 =	21	637 ÷ 91 =	
2	14 × 64 =	22	387 ÷ 43 =	
3	80 × 71 =	23	485 ÷ 97 =	
4	52 × 38 =	24	240 ÷ 80 =	
5	35 × 78 =	25	312 ÷ 52 =	
6	16 × 46 =	26	520 ÷ 65 =	
7	50 × 79 =	27	348 ÷ 87 =	
8	92 × 35 =	28	62 ÷ 31 =	
9	68 × 40 =	29	192 ÷ 24 =	
10	36 × 82 =	30	864 ÷ 96 =	
11	82 × 37 =	31	180 ÷ 60 =	
12	49 × 56 =	32	602 ÷ 86 =	
13	34 × 91 =	33	145 ÷ 29 =	
14	60 × 60 =	34	324 ÷ 54 =	
15	27 × 89 =	35	292 ÷ 73 =	
16	98 × 27 =	36	54 ÷ 18 =	
17	15 × 19 =	37	287 ÷ 41 =	
18	72 × 35 =	38	243 ÷ 27 =	
19	13 × 97 =	39	552 ÷ 69 =	
20	79 × 81 =	40	106 ÷ 53 =	

	1회	2회		확인

머릿속에 주판을 그리며 풀어 보세요.

1	2
694 + 786	973 + 862

3	4
836 − 725	495 − 376

5	6
802 × 4	269 × 4

7	8
43) 387	97) 485

9. $61 \times 94 =$

10. $97 \times 73 =$

11. $83 \times 67 =$

12. $16 \times 30 =$

13. $49 \times 58 =$

14. $78 \times 42 =$

15. $13 \times 17 =$

16. $49 \times 80 =$

17. $28 \times 69 =$

18. $17 \times 41 =$

19. $576 \div 96 =$

20. $637 \div 91 =$

21. $384 \div 48 =$

22. $261 \div 29 =$

23. $128 \div 32 =$

24. $544 \div 68 =$

25. $100 \div 50 =$

26. $240 \div 80 =$

27. $497 \div 71 =$

28. $312 \div 52 =$

1회	2회

필산
암산

머릿속에 주판을 그리며 풀어 보세요.

1	2
528 +875	456 +729

3	4
856 −293	742 −295

5	6
859 × 7	748 × 4

7	8
92)184	75)300

9	$52 \times 78 =$
10	$14 \times 56 =$
11	$36 \times 85 =$
12	$60 \times 18 =$
13	$58 \times 70 =$
14	$29 \times 35 =$
15	$41 \times 63 =$
16	$18 \times 59 =$
17	$74 \times 82 =$
18	$63 \times 17 =$
19	$240 \div 60 =$
20	$156 \div 26 =$
21	$474 \div 79 =$
22	$696 \div 87 =$
23	$280 \div 56 =$
24	$140 \div 28 =$
25	$216 \div 36 =$
26	$355 \div 71 =$
27	$57 \div 19 =$
28	$392 \div 49 =$

1회　　2회

차근차근 주판으로 해 보세요.

1	2	3	4	5
724	927	891	98	708
853	− 48	527	209	486
976	865	706	− 37	913
137	−346	643	754	237
412	15	457	−123	961

6	7	8	9	10
408	385	346	68	679
792	976	725	149	305
638	− 23	198	− 24	842
175	− 51	567	542	420
753	496	473	−306	708

11	12	13	14	15
694	609	457	35	643
153	− 97	568	629	568
679	233	479	− 47	472
583	− 61	992	708	913
421	467	526	−689	134

1회	2회	

차근차근 주판으로 해 보세요.

1	2	3	4	5
28	915	294	714	75
503	−238	47	400	407
376	706	108	−369	32
67	−467	69	905	681
351	837	952	−218	986

6	7	8	9	10
801	263	46	812	578
74	498	730	−245	84
926	−175	58	504	416
68	793	219	−976	73
201	−865	376	348	324

11	12	13	14	15
79	842	804	589	46
906	−137	462	917	607
38	405	76	−264	82
815	928	253	643	359
42	−635	48	−921	915

1회	2회	

차근차근 주판으로 해 보세요.

1	56 × 40 =	21	58 ÷ 29 =
2	83 × 95 =	22	124 ÷ 31 =
3	79 × 42 =	23	270 ÷ 45 =
4	43 × 36 =	24	544 ÷ 68 =
5	18 × 13 =	25	237 ÷ 79 =
6	24 × 21 =	26	300 ÷ 60 =
7	92 × 50 =	27	567 ÷ 81 =
8	46 × 15 =	28	243 ÷ 27 =
9	17 × 39 =	29	105 ÷ 35 =
10	74 × 47 =	30	301 ÷ 43 =
11	85 × 21 =	31	120 ÷ 24 =
12	36 × 38 =	32	504 ÷ 56 =
13	41 × 26 =	33	34 ÷ 17 =
14	57 × 94 =	34	588 ÷ 98 =
15	24 × 58 =	35	72 ÷ 18 =
16	52 × 35 =	36	160 ÷ 20 =
17	68 × 78 =	37	102 ÷ 34 =
18	37 × 16 =	38	665 ÷ 95 =
19	56 × 64 =	39	380 ÷ 76 =
20	94 × 89 =	40	164 ÷ 41 =

1회	2회	

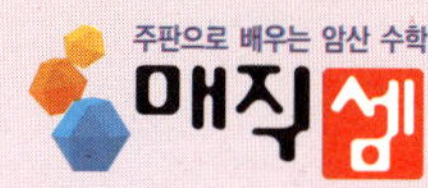

차근차근 주판으로 해 보세요.

1	62 × 19 =	21	464 ÷ 58 =
2	74 × 68 =	22	42 ÷ 14 =
3	69 × 23 =	23	621 ÷ 69 =
4	26 × 40 =	24	140 ÷ 70 =
5	85 × 58 =	25	186 ÷ 31 =
6	64 × 65 =	26	230 ÷ 46 =
7	71 × 24 =	27	399 ÷ 57 =
8	35 × 89 =	28	195 ÷ 65 =
9	82 × 35 =	29	392 ÷ 98 =
10	45 × 90 =	30	639 ÷ 71 =
11	91 × 41 =	31	81 ÷ 27 =
12	39 × 37 =	32	581 ÷ 83 =
13	81 × 87 =	33	190 ÷ 38 =
14	57 × 93 =	34	98 ÷ 49 =
15	76 × 48 =	35	288 ÷ 72 =
16	93 × 30 =	36	171 ÷ 19 =
17	52 × 26 =	37	225 ÷ 75 =
18	29 × 75 =	38	140 ÷ 20 =
19	15 × 17 =	39	155 ÷ 31 =
20	61 × 21 =	40	368 ÷ 46 =

머릿속에 주판을 그리며 풀어 보세요.

1	2
☐ 982 $+680$	803 $+746$

3	4
324 -168	583 -396

5	6
802 $\times \quad 7$	363 $\times \quad 8$

7	8
$54\,)\,324$	$50\,)\,150$

9. $98 \times 26 =$

10. $80 \times 37 =$

11. $32 \times 45 =$

12. $24 \times 91 =$

13. $47 \times 42 =$

14. $58 \times 13 =$

15. $36 \times 68 =$

16. $25 \times 79 =$

17. $18 \times 24 =$

18. $36 \times 63 =$

19. $384 \div 48 =$

20. $114 \div 57 =$

21. $423 \div 47 =$

22. $679 \div 97 =$

23. $405 \div 45 =$

24. $91 \div 13 =$

25. $96 \div 32 =$

26. $504 \div 63 =$

27. $696 \div 87 =$

28. $567 \div 81 =$

1회	2회

머릿속에 주판을 그리며 풀어 보세요.

1	2
589 + 147	695 + 706

3	4
315 − 269	574 − 158

5	6
983 × 4	652 × 7

7	8
51) 204	98) 294

9. $58 \times 89 =$

10. $14 \times 17 =$

11. $69 \times 52 =$

12. $70 \times 64 =$

13. $31 \times 35 =$

14. $46 \times 68 =$

15. $57 \times 47 =$

16. $65 \times 29 =$

17. $98 \times 31 =$

18. $71 \times 13 =$

19. $222 \div 37 =$

20. $189 \div 63 =$

21. $216 \div 24 =$

22. $240 \div 80 =$

23. $672 \div 96 =$

24. $135 \div 27 =$

25. $56 \div 14 =$

26. $371 \div 53 =$

27. $329 \div 47 =$

28. $474 \div 79 =$

1회   2회

차근차근 주판으로 해 보세요.

1	2	3	4	5
312	64	423	84	645
594	237	605	925	829
768	985	187	−573	301
173	− 32	478	89	769
428	−476	563	−461	542

6	7	8	9	10
645	28	324	45	867
582	836	892	867	495
273	− 59	617	701	213
394	795	435	− 32	325
201	−546	576	−468	647

11	12	13	14	15
839	62	756	43	950
657	708	938	701	268
534	935	412	−572	784
716	−349	248	− 86	512
218	− 72	664	968	946

1회	2회		확인

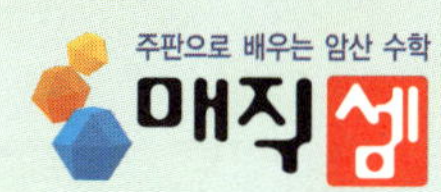

차근차근 주판으로 해 보세요.

1	2	3	4	5
643	87	367	64	309
829	325	476	796	724
157	−194	152	953	856
701	406	608	− 38	931
426	− 78	384	−804	427

6	7	8	9	10
301	91	469	52	436
596	547	754	391	602
247	−316	903	−205	577
875	− 82	682	− 76	189
658	903	576	487	634

11	12	13	14	15
865	23	198	32	928
417	634	374	674	861
923	856	402	− 18	374
706	− 42	256	−284	587
248	−793	412	965	649

1회	2회

차근차근 주판으로 해 보세요.

1	74 × 91 =	21	366 ÷ 61 =
2	21 × 72 =	22	776 ÷ 97 =
3	83 × 95 =	23	249 ÷ 83 =
4	35 × 76 =	24	112 ÷ 16 =
5	41 × 38 =	25	441 ÷ 49 =
6	68 × 61 =	26	546 ÷ 78 =
7	46 × 94 =	27	65 ÷ 13 =
8	52 × 37 =	28	147 ÷ 49 =
9	76 × 54 =	29	252 ÷ 28 =
10	43 × 21 =	30	34 ÷ 17 =
11	56 × 53 =	31	120 ÷ 20 =
12	87 × 86 =	32	140 ÷ 35 =
13	49 × 59 =	33	488 ÷ 61 =
14	51 × 72 =	34	184 ÷ 46 =
15	83 × 35 =	35	552 ÷ 92 =
16	29 × 48 =	36	48 ÷ 24 =
17	42 × 65 =	37	424 ÷ 53 =
18	96 × 87 =	38	612 ÷ 68 =
19	13 × 19 =	39	133 ÷ 19 =
20	79 × 53 =	40	285 ÷ 57 =

1회	2회	

차근차근 주판으로 해 보세요.

1	81 × 36 =	21	360 ÷ 45 =
2	40 × 95 =	22	60 ÷ 10 =
3	23 × 78 =	23	156 ÷ 39 =
4	17 × 14 =	24	666 ÷ 74 =
5	92 × 38 =	25	144 ÷ 18 =
6	13 × 75 =	26	203 ÷ 29 =
7	45 × 47 =	27	210 ÷ 70 =
8	39 × 39 =	28	378 ÷ 63 =
9	12 × 27 =	29	168 ÷ 84 =
10	29 × 68 =	30	104 ÷ 26 =
11	80 × 73 =	31	426 ÷ 71 =
12	14 × 61 =	32	76 ÷ 19 =
13	73 × 47 =	33	400 ÷ 50 =
14	56 × 21 =	34	168 ÷ 84 =
15	84 × 62 =	35	340 ÷ 68 =
16	67 × 85 =	36	504 ÷ 72 =
17	58 × 92 =	37	513 ÷ 57 =
18	89 × 16 =	38	108 ÷ 36 =
19	62 × 51 =	39	332 ÷ 83 =
20	45 × 49 =	40	50 ÷ 25 =

1회	2회

머릿속에 주판을 그리며 풀어 보세요.

1	**2**

$$279 + 837 =$$

$$388 + 479 =$$

3	**4**

$$495 - 324 =$$

$$726 - 197 =$$

5	**6**

$$318 \times 2 =$$

$$409 \times 8 =$$

7	**8**

$$91 \overline{)546}$$

$$79 \overline{)474}$$

9	$27 \times 92 =$
10	$83 \times 74 =$
11	$38 \times 86 =$
12	$49 \times 53 =$
13	$72 \times 64 =$
14	$19 \times 27 =$
15	$75 \times 19 =$
16	$20 \times 62 =$
17	$31 \times 82 =$
18	$46 \times 98 =$
19	$212 \div 53 =$
20	$376 \div 47 =$
21	$56 \div 28 =$
22	$264 \div 44 =$
23	$532 \div 76 =$
24	$205 \div 41 =$
25	$522 \div 58 =$
26	$117 \div 39 =$
27	$224 \div 28 =$
28	$192 \div 96 =$

1회	2회

머릿속에 주판을 그리며 풀어 보세요.

1	2
908 + 827	746 + 285

3	4
462 − 249	253 − 174

5	6
629 × 4	462 × 9

7	8
80) 400	97) 388

9	$24 \times 16 =$
10	$57 \times 37 =$
11	$62 \times 54 =$
12	$85 \times 12 =$
13	$68 \times 40 =$
14	$27 \times 38 =$
15	$83 \times 59 =$
16	$49 \times 76 =$
17	$28 \times 23 =$
18	$71 \times 51 =$
19	$432 \div 72 =$
20	$343 \div 49 =$
21	$108 \div 36 =$
22	$34 \div 17 =$
23	$531 \div 59 =$
24	$665 \div 95 =$
25	$384 \div 48 =$
26	$32 \div 16 =$
27	$207 \div 23 =$
28	$168 \div 56 =$

14일차 차근차근 주판으로 해 보세요.

1	2	3	4	5
846	34	816	79	274
705	347	632	584	315
219	952	204	806	281
384	− 68	179	− 37	496
250	597	903	721	537
761	−743	854	− 29	108
537	− 25	426	−125	694

6	7	8	9	10
802	52	624	64	735
149	607	583	498	846
653	−285	971	947	705
735	943	624	− 19	219
624	− 79	583	−375	391
108	407	309	33	250
234	− 65	162	−684	648

11	12	13	14	15
496	85	957	49	236
537	298	816	568	841
313	407	324	917	507
472	− 65	402	− 74	762
186	−356	361	832	514
802	− 89	875	− 43	879
597	468	689	−295	261

1회	2회	

차근차근 주판으로 해 보세요.

1	2	3	4	5
905	64	806	52	795
139	756	725	396	614
587	−391	541	−295	308
426	− 48	493	− 76	283
684	102	915	504	341
503	− 63	452	− 68	659
971	645	276	842	967

6	7	8	9	10
971	83	608	79	534
203	645	573	405	172
548	−286	452	921	698
617	37	126	− 36	809
234	709	815	423	627
502	− 94	373	− 65	419
417	−378	264	−879	791

11	12	13	14	15
917	97	352	85	756
836	851	207	907	394
502	−603	964	−835	801
425	− 32	846	− 16	264
638	415	432	208	528
719	− 54	658	− 89	307
857	761	573	327	995

1회	2회

차근차근 주판으로 해 보세요.

1	$38 \times 41 =$	21	$236 \div 59 =$
2	$59 \times 20 =$	22	$360 \div 60 =$
3	$67 \times 63 =$	23	$384 \div 48 =$
4	$54 \times 59 =$	24	$190 \div 95 =$
5	$26 \times 81 =$	25	$430 \div 86 =$
6	$38 \times 37 =$	26	$686 \div 98 =$
7	$60 \times 53 =$	27	$387 \div 43 =$
8	$76 \times 14 =$	28	$78 \div 26 =$
9	$48 \times 60 =$	29	$228 \div 57 =$
10	$59 \times 36 =$	30	$270 \div 90 =$
11	$65 \times 82 =$	31	$72 \div 12 =$
12	$37 \times 97 =$	32	$420 \div 84 =$
13	$41 \times 26 =$	33	$525 \div 75 =$
14	$82 \times 48 =$	34	$603 \div 67 =$
15	$94 \times 69 =$	35	$96 \div 12 =$
16	$21 \times 15 =$	36	$120 \div 24 =$
17	$30 \times 25 =$	37	$245 \div 35 =$
18	$93 \times 71 =$	38	$36 \div 12 =$
19	$15 \times 92 =$	39	$504 \div 56 =$
20	$23 \times 48 =$	40	$134 \div 67 =$

1회	2회	

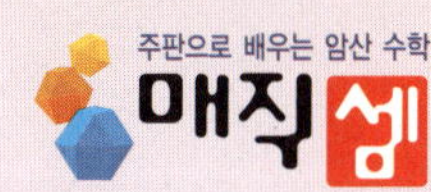

차근차근 주판으로 해 보세요.

1	16 × 35 =	21	416 ÷ 52 =
2	47 × 97 =	22	28 ÷ 14 =
3	93 × 81 =	23	108 ÷ 36 =
4	75 × 75 =	24	360 ÷ 60 =
5	80 × 69 =	25	406 ÷ 58 =
6	26 × 71 =	26	87 ÷ 29 =
7	45 × 90 =	27	205 ÷ 41 =
8	82 × 34 =	28	126 ÷ 18 =
9	14 × 16 =	29	666 ÷ 74 =
10	84 × 78 =	30	126 ÷ 63 =
11	23 × 62 =	31	784 ÷ 98 =
12	60 × 94 =	32	320 ÷ 80 =
13	93 × 59 =	33	192 ÷ 32 =
14	12 × 25 =	34	168 ÷ 24 =
15	56 × 78 =	35	423 ÷ 47 =
16	89 × 51 =	36	290 ÷ 58 =
17	25 × 74 =	37	108 ÷ 36 =
18	34 × 91 =	38	50 ÷ 25 =
19	71 × 83 =	39	144 ÷ 18 =
20	48 × 34 =	40	252 ÷ 36 =

1회	2회

머릿속에 주판을 그리며 풀어 보세요.

1	2
☐☐ 476 +827 ☐☐☐☐	☐ 639 +834 ☐☐☐☐

3	4
☐☐ 267 −149 ☐☐☐	☐☐ 902 −172 ☐☐☐

5	6
☐ 446 × 2 ☐☐☐	☐☐ 745 × 3 ☐☐☐

7	8
☐ 96)384 ☐☐☐	☐ 34)204 ☐☐☐ ☐

9	$52 \times 12 =$
10	$98 \times 48 =$
11	$37 \times 50 =$
12	$43 \times 39 =$
13	$27 \times 76 =$
14	$42 \times 13 =$
15	$61 \times 74 =$
16	$59 \times 92 =$
17	$35 \times 86 =$
18	$21 \times 58 =$
19	$174 \div 29 =$
20	$612 \div 68 =$
21	$600 \div 75 =$
22	$52 \div 26 =$
23	$658 \div 94 =$
24	$65 \div 13 =$
25	$63 \div 21 =$
26	$486 \div 81 =$
27	$342 \div 38 =$
28	$360 \div 45 =$

1회	2회

머릿속에 주판을 그리며 풀어 보세요.

1	2

1

$$\begin{array}{r} 5\,3\,2 \\ +\ 3\,2\,6 \\ \hline \end{array}$$

2

$$\begin{array}{r} 7\,9\,6 \\ +\ 4\,5\,8 \\ \hline \end{array}$$

3	4

3

$$\begin{array}{r} 9\,2\,3 \\ -\ 8\,1\,7 \\ \hline \end{array}$$

4

$$\begin{array}{r} 6\,5\,8 \\ -\ 2\,4\,7 \\ \hline \end{array}$$

5	6

5

$$\begin{array}{r} 4\,6\,5 \\ \times\qquad 8 \\ \hline \end{array}$$

6

$$\begin{array}{r} 6\,8\,5 \\ \times\qquad 7 \\ \hline \end{array}$$

7	8

7

$$84\,)\,\overline{2\,5\,2}$$

8

$$57\,)\,\overline{3\,9\,9}$$

9. $20 \times 53 =$

10. $35 \times 26 =$

11. $61 \times 79 =$

12. $46 \times 58 =$

13. $92 \times 30 =$

14. $24 \times 42 =$

15. $53 \times 14 =$

16. $68 \times 57 =$

17. $19 \times 36 =$

18. $57 \times 18 =$

19. $564 \div 94 =$

20. $280 \div 35 =$

21. $567 \div 81 =$

22. $445 \div 89 =$

23. $184 \div 23 =$

24. $539 \div 77 =$

25. $162 \div 18 =$

26. $336 \div 42 =$

27. $390 \div 65 =$

28. $96 \div 16 =$

1회	2회

차근차근 주판으로 해 보세요.

1	2	3	4	5
462	96	412	73	932
938	769	805	289	856
705	−305	376	476	246
578	− 81	967	− 35	701
392	418	359	513	317
264	537	821	− 75	942
731	− 69	328	−849	163

6	7	8	9	10
903	58	745	24	523
518	201	138	139	916
276	698	602	905	287
467	− 53	256	− 87	708
281	735	831	−478	461
539	− 89	547	− 42	830
304	−161	634	684	289

11	12	13	14	15
781	69	275	85	891
396	426	981	648	572
605	−381	198	503	204
542	759	572	− 72	436
425	− 78	204	−325	342
706	957	436	971	759
318	− 64	784	− 92	981

1회	2회	

차근차근 주판으로 해 보세요.

1	2	3	4	5
798	94	192	83	347
423	528	645	348	185
615	−376	837	417	759
897	− 97	302	− 93	402
324	608	175	−265	235
516	− 54	694	− 31	163
745	472	625	674	728

6	7	8	9	10
519	85	180	74	804
908	369	953	259	397
382	538	472	896	162
651	−624	627	− 75	458
873	− 78	743	507	245
125	407	598	−846	517
402	− 25	942	− 63	903

11	12	13	14	15
968	63	397	64	418
873	914	816	946	276
312	− 87	521	−105	561
504	618	736	− 73	632
857	−215	467	582	207
620	− 74	298	− 57	942
341	403	609	643	768

1회	2회		

차근차근 주판으로 해 보세요.

1	47 × 74 =		21	48 ÷ 24 =
2	23 × 35 =		22	342 ÷ 57 =
3	68 × 15 =		23	248 ÷ 62 =
4	39 × 29 =		24	255 ÷ 85 =
5	27 × 80 =		25	612 ÷ 68 =
6	30 × 62 =		26	189 ÷ 27 =
7	56 × 13 =		27	415 ÷ 83 =
8	85 × 93 =		28	147 ÷ 49 =
9	13 × 24 =		29	56 ÷ 28 =
10	96 × 61 =		30	568 ÷ 71 =
11	12 × 42 =		31	124 ÷ 62 =
12	43 × 28 =		32	444 ÷ 74 =
13	91 × 85 =		33	184 ÷ 46 =
14	79 × 46 =		34	144 ÷ 18 =
15	57 × 62 =		35	182 ÷ 26 =
16	31 × 14 =		36	415 ÷ 83 =
17	87 × 20 =		37	45 ÷ 15 =
18	95 × 37 =		38	648 ÷ 72 =
19	76 × 98 =		39	360 ÷ 90 =
20	84 × 43 =		40	288 ÷ 48 =

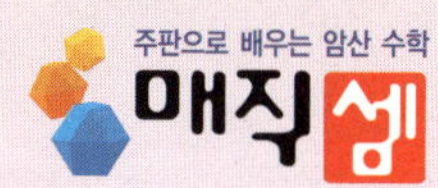

15일차

차근차근 주판으로 해 보세요.

1	62 × 60 =	21	380 ÷ 76 =
2	54 × 53 =	22	126 ÷ 18 =
3	36 × 92 =	23	621 ÷ 69 =
4	92 × 17 =	24	213 ÷ 71 =
5	75 × 69 =	25	192 ÷ 24 =
6	14 × 83 =	26	228 ÷ 38 =
7	35 × 17 =	27	204 ÷ 51 =
8	84 × 90 =	28	156 ÷ 78 =
9	76 × 69 =	29	162 ÷ 54 =
10	18 × 42 =	30	203 ÷ 29 =
11	40 × 18 =	31	180 ÷ 36 =
12	32 × 79 =	32	666 ÷ 74 =
13	48 × 85 =	33	122 ÷ 61 =
14	21 × 50 =	34	510 ÷ 85 =
15	49 × 26 =	35	736 ÷ 92 =
16	27 × 87 =	36	336 ÷ 84 =
17	36 × 49 =	37	171 ÷ 57 =
18	51 × 80 =	38	147 ÷ 21 =
19	95 × 96 =	39	192 ÷ 96 =
20	87 × 38 =	40	180 ÷ 30 =

평가

1회	2회	

확인

머릿속에 주판을 그리며 풀어 보세요.

	1	2
	$\begin{array}{r} 763 \\ +198 \\ \hline \end{array}$	$\begin{array}{r} 983 \\ +247 \\ \hline \end{array}$
	3	4
	$\begin{array}{r} 507 \\ -415 \\ \hline \end{array}$	$\begin{array}{r} 863 \\ -175 \\ \hline \end{array}$
	5	6
	$\begin{array}{r} 767 \\ \times\ 6 \\ \hline \end{array}$	$\begin{array}{r} 402 \\ \times\ 9 \\ \hline \end{array}$
	7	8
	$31\overline{)62}$	$61\overline{)549}$

9. $71 \times 63 =$

10. $19 \times 81 =$

11. $50 \times 75 =$

12. $84 \times 43 =$

13. $68 \times 64 =$

14. $72 \times 72 =$

15. $57 \times 51 =$

16. $36 \times 98 =$

17. $83 \times 56 =$

18. $25 \times 82 =$

19. $810 \div 90 =$

20. $520 \div 65 =$

21. $375 \div 75 =$

22. $348 \div 87 =$

23. $102 \div 34 =$

24. $72 \div 24 =$

25. $245 \div 49 =$

26. $192 \div 24 =$

27. $164 \div 82 =$

28. $864 \div 96 =$

1회	2회	

15일차

머릿속에 주판을 그리며 풀어 보세요.

1	2
6 2 4 + 7 9 8	9 7 4 + 4 5 8

3	4
6 4 8 − 5 2 7	8 0 3 − 2 4 6

5	6
9 0 7 × 9	7 5 3 × 5

7	8
90) 5 4 0	70) 4 9 0

9	$62 \times 64 =$
10	$74 \times 97 =$
11	$46 \times 86 =$
12	$18 \times 31 =$
13	$26 \times 42 =$
14	$83 \times 30 =$
15	$15 \times 63 =$
16	$72 \times 25 =$
17	$90 \times 79 =$
18	$48 \times 17 =$
19	$415 \div 83 =$
20	$72 \div 36 =$
21	$336 \div 42 =$
22	$152 \div 19 =$
23	$536 \div 67 =$
24	$272 \div 68 =$
25	$70 \div 35 =$
26	$371 \div 53 =$
27	$80 \div 20 =$
28	$243 \div 27 =$

평가 | 1회 | 2회 |

확인

93

머릿속에 주판을 그리며 풀어 보세요.

1	2
□ 9 1 7 + 4 5 9 □ □ □ □	□ 4 3 6 + 7 5 8 □ □ □ □

3	4
□ □ 6 3 8 − 2 4 1 □ □ □	□ □ 5 7 2 − 3 4 9 □ □ □

5	6
□ □ 4 2 5 × 9 □ □ □ □	□ □ 1 2 3 × 8 □ □ □

7	8
□ 96) 6 7 2 □ □ □ □	□ 48) 3 8 4 □ □ □ □

9. $76 \times 43 =$

10. $82 \times 81 =$

11. $24 \times 29 =$

12. $17 \times 46 =$

13. $93 \times 89 =$

14. $15 \times 32 =$

15. $27 \times 83 =$

16. $30 \times 38 =$

17. $62 \times 90 =$

18. $45 \times 61 =$

19. $315 \div 45 =$

20. $288 \div 36 =$

21. $544 \div 68 =$

22. $153 \div 51 =$

23. $603 \div 67 =$

24. $424 \div 53 =$

25. $558 \div 93 =$

26. $204 \div 51 =$

27. $195 \div 39 =$

28. $56 \div 28 =$

1회	2회

나눗셈 해답

8단계

1일차

4 쪽 — 덧셈 · 뺄셈

1	2	3	4	5	6	7	8	9	10
162	158	220	87	184	265	75	344	162	325

11	12	13	14	15
185	95	259	146	95

5 쪽 — 덧셈 · 뺄셈

1	2	3	4	5	6	7	8	9	10
328	48	343	76	300	162	100	189	170	204

11	12	13	14	15
350	119	250	81	271

6 쪽 — 곱셈 · 나눗셈

1	2	3	4	5	6	7	8	9	10
2,056	1,428	6,368	1,916	3,360	910	5,625	1,047	1,614	6,776

11	12	13	14	15	16	17	18	19	20
3,366	1,172	2,208	4,050	4,590	1,967	3,620	3,704	3,528	495

21	22	23	24	25	26	27	28	29	30
176	915	729	609	843	626	830	195	407	189

31	32	33	34	35	36	37	38	39	40
732	506	274	539	815	946	324	708	824	967

7 쪽 — 곱셈 · 나눗셈

1	2	3	4	5	6	7	8	9	10
3,059	6,336	690	2,595	3,552	6,808	496	1,948	4,221	2,085

11	12	13	14	15	16	17	18	19	20
2,415	2,934	1,614	368	2,288	1,672	2,808	920	3,199	1,672

21	22	23	24	25	26	27	28	29	30
751	392	807	615	342	513	904	486	781	965

31	32	33	34	35	36	37	38	39	40
504	423	391	872	645	706	854	931	126	957

8 쪽 — 필산 · 암산

1	2	3	4
76	95	8/10/58	8/10/59

5	6	7	8
5/4/4,722	3/1/1,815	90/81/0/0	75/35/2/25/0

9	10	11	12	13	14	15	16	17	18
546	255	108	855	228	768	96	142	100	224

19	20	21	22	23	24	25	26	27	28
12	65	47	87	34	31	61	24	82	96

9 쪽 — 필산 · 암산

1	2	3	4
135	1/145	19	45

5	6	7	8
1/3/3,630	4/1,095	96/54/3/36/0	91/63/7/0

9	10	11	12	13	14	15	16	17	18
432	76	96	114	150	343	258	531	244	518

19	20	21	22	23	24	25	26	27	28
29	81	48	43	32	97	50	80	71	52

2일차

10 쪽 — 덧셈 · 뺄셈

1	2	3	4	5	6	7	8	9	10
205	148	182	95	150	260	59	258	43	240

11	12	13	14	15
176	118	174	49	218

11 쪽 — 덧셈 · 뺄셈

1	2	3	4	5	6	7	8	9	10
285	16	182	131	260	148	149	154	69	190

11	12	13	14	15
300	123	353	81	264

12 쪽 — 곱셈 · 나눗셈

1	2	3	4	5	6	7	8	9	10
2,556	1,804	1,650	4,384	4,810	1,869	3,556	7,839	2,448	4,074

11	12	13	14	15	16	17	18	19	20
1,684	316	2,655	4,781	520	2,202	2,476	4,950	4,224	1,832

21	22	23	24	25	26	27	28	29	30
574	382	201	140	298	375	658	463	271	903

31	32	33	34	35	36	37	38	39	40
624	105	597	843	521	608	986	125	374	891

13 쪽 — 곱셈 · 나눗셈

1	2	3	4	5	6	7	8	9	10
2,530	4,424	2,916	603	592	5,034	5,256	624	2,331	6,629

11	12	13	14	15	16	17	18	19	20
2,045	2,304	1,544	5,448	1,488	1,708	3,822	1,560	5,337	2,430

21	22	23	24	25	26	27	28	29	30
461	782	530	968	394	705	521	138	459	207

31	32	33	34	35	36	37	38	39	40
679	401	586	328	502	126	974	328	956	318

14 쪽 — 필산 · 암산

1	2	3	4
1/121	99	31	18

5	6	7	8
5/4,956	2/1/1,710	84/24/1/12/0	23/16/2/24/0

9	10	11	12	13	14	15	16	17	18
413	205	162	276	240	568	260	68	406	315

19	20	21	22	23	24	25	26	27	28
94	12	81	89	48	57	18	42	65	16

15 쪽 — 필산 · 암산

1	2	3	4
1/95	141	27	4/10/32

5	6	7	8
3/5,635	1/3/2,116	36/6/1/12/0	20/8/0/0

9	10	11	12	13	14	15	16	17	18
392	300	388	68	711	364	183	400	469	252

19	20	21	22	23	24	25	26	27	28
83	45	70	90	67	68	35	53	25	27

3일차

16 쪽 — 덧셈 · 뺄셈

1	2	3	4	5	6	7	8	9	10
237	81	245	140	161	314	115	332	195	242

11	12	13	14	15
200	171	143	143	204

17 쪽 — 덧셈 · 뺄셈

1	2	3	4	5	6	7	8	9	10
322	95	290	45	335	201	172	155	165	240

11	12	13	14	15
332	56	335	65	290

18 쪽 — 곱셈 · 나눗셈

1	2	3	4	5	6	7	8	9	10
4,158	1,536	204	3,384	1,652	3,025	1,554	7,911	3,232	5,556

11	12	13	14	15	16	17	18	19	20
1,392	870	2,670	2,429	2,148	5,661	1,816	5,868	6,248	1,350

21	22	23	24	25	26	27	28	29	30
945	268	826	254	907	713	973	650	182	464

31	32	33	34	35	36	37	38	39	40
302	327	859	108	476	129	352	206	983	415

19 쪽 — 곱셈 · 나눗셈

1	2	3	4	5	6	7	8	9	10
2,688	510	2,601	4,455	3,126	426	2,580	6,616	2,781	4,515

11	12	13	14	15	16	17	18	19	20
1,746	1365	2,472	3,468	4,020	990	4,760	1,917	3,024	4,552

21	22	23	24	25	26	27	28	29	30
157	345	417	269	805	639	481	120	465	283

31	32	33	34	35	36	37	38	39	40
370	191	329	504	786	895	516	603	342	285

20 쪽 — 필산·암산

①	②	③	④
88	1/77	7/10/46	30

⑤	⑥	⑦	⑧
5/4/1,122	5/2/3,381	37/18/4/42/0	80/40/0/0

⑨	⑩	⑪	⑫	⑬	⑭	⑮	⑯	⑰	⑱
632	252	260	170	207	273	80	144	140	126

⑲	⑳	㉑	㉒	㉓	㉔	㉕	㉖	㉗	㉘
42	72	51	49	24	36	80	17	96	59

21 쪽 — 필산·암산

①	②	③	④
1/51	1/121	32	2/10/13

⑤	⑥	⑦	⑧
1/3/1,316	1/6,314	97/36/2/28/0	23/18/2/27/0

⑨	⑩	⑪	⑫	⑬	⑭	⑮	⑯	⑰	⑱
546	414	95	96	348	520	96	194	91	288

⑲	⑳	㉑	㉒	㉓	㉔	㉕	㉖	㉗	㉘
27	52	14	48	53	16	98	31	79	60

4일차

22 쪽 — 덧셈·뺄셈

①	②	③	④	⑤	⑥	⑦	⑧	⑨	⑩
201	102	163	111	173	300	77	366	84	303

⑪	⑫	⑬	⑭	⑮
213	82	190	24	151

23 쪽 — 덧셈·뺄셈

①	②	③	④	⑤	⑥	⑦	⑧	⑨	⑩
300	15	306	130	241	244	120	214	140	147

⑪	⑫	⑬	⑭	⑮
295	134	270	149	334

24 쪽 — 곱셈·나눗셈

①	②	③	④	⑤	⑥	⑦	⑧	⑨	⑩
6,144	1,206	1,932	1,930	8,802	1,050	3,160	972	2,670	5,012

⑪	⑫	⑬	⑭	⑮	⑯	⑰	⑱	⑲	⑳
2,682	2,676	1,044	1,044	3,480	1,210	4,662	2,637	6,048	1,386

㉑	㉒	㉓	㉔	㉕	㉖	㉗	㉘	㉙	㉚
203	495	764	513	672	809	526	501	391	719

㉛	㉜	㉝	㉞	㉟	㊱	㊲	㊳	㊴	㊵
238	465	637	589	402	185	970	162	283	748

25 쪽 — 곱셈·나눗셈

①	②	③	④	⑤	⑥	⑦	⑧	⑨	⑩
5,625	2,338	2,490	2,421	5,728	5,748	3,468	426	1,520	1,542

⑪	⑫	⑬	⑭	⑮	⑯	⑰	⑱	⑲	⑳
1,692	2,322	7,680	386	2,604	2,565	2,730	936	1,188	2,442

㉑	㉒	㉓	㉔	㉕	㉖	㉗	㉘	㉙	㉚
695	901	132	751	143	896	602	539	921	674

㉛	㉜	㉝	㉞	㉟	㊱	㊲	㊳	㊴	㊵
480	195	872	230	464	281	105	637	937	709

26 쪽 — 필산·암산

①	②	③	④
1/45	1/146	31	2/10/18

⑤	⑥	⑦	⑧
3/2/748	3/3/4,380	97/72/5/56/0	39/12/3/36/0

⑨	⑩	⑪	⑫	⑬	⑭	⑮	⑯	⑰	⑱
240	224	126	186	372	522	472	70	126	54

⑲	⑳	㉑	㉒	㉓	㉔	㉕	㉖	㉗	㉘
88	83	62	74	50	65	41	46	37	31

27 쪽 — 필산·암산

①	②	③	④
168	128	5/10/36	8/10/2

⑤	⑥	⑦	⑧
2/4,284	5/7/4,122	51/10/2/0	10/5/0/0

---

⑨	⑩	⑪	⑫	⑬	⑭	⑮	⑯	⑰	⑱
114	540	616	216	234	124	360	249	485	284

⑲	⑳	㉑	㉒	㉓	㉔	㉕	㉖	㉗	㉘
86	27	58	18	49	23	30	93	23	69

5일차

28 쪽 — 덧셈·뺄셈

①	②	③	④	⑤	⑥	⑦	⑧	⑨	⑩
205	142	195	100	294	350	48	260	15	239

⑪	⑫	⑬	⑭	⑮
177	132	205	84	167

29 쪽 — 덧셈·뺄셈

①	②	③	④	⑤	⑥	⑦	⑧	⑨	⑩
245	83	255	124	267	175	62	135	71	141

⑪	⑫	⑬	⑭	⑮
280	86	264	64	285

30 쪽 — 곱셈·나눗셈

①	②	③	④	⑤	⑥	⑦	⑧	⑨	⑩
870	2,104	2,352	1,608	1,971	3,740	1,967	8,145	1,092	2,540

⑪	⑫	⑬	⑭	⑮	⑯	⑰	⑱	⑲	⑳
1,405	6,335	4,167	5,888	900	3,620	1,274	4,235	4,536	1,172

㉑	㉒	㉓	㉔	㉕	㉖	㉗	㉘	㉙	㉚
301	462	759	841	257	386	974	806	193	296

㉛	㉜	㉝	㉞	㉟	㊱	㊲	㊳	㊴	㊵
702	831	545	236	849	701	813	942	658	569

31 쪽 — 곱셈·나눗셈

①	②	③	④	⑤	⑥	⑦	⑧	⑨	⑩
1,722	850	6,258	3,168	806	1,248	4,608	6,872	6,273	5,824

⑪	⑫	⑬	⑭	⑮	⑯	⑰	⑱	⑲	⑳
2,075	2,091	6,656	2,490	1,612	624	6,144	4,295	1,530	3,576

㉑	㉒	㉓	㉔	㉕	㉖	㉗	㉘	㉙	㉚
172	204	329	351	648	719	924	405	376	293

㉛	㉜	㉝	㉞	㉟	㊱	㊲	㊳	㊴	㊵
145	506	687	960	812	735	430	256	179	818

32 쪽 — 필산·암산

①	②	③	④
3/41	1/70	3/10/27	8/10/17

⑤	⑥	⑦	⑧
2/525	6/1/6,244	45/36/4/45/0	13/7/2/21/0

⑨	⑩	⑪	⑫	⑬	⑭	⑮	⑯	⑰	⑱
190	624	96	128	138	801	189	172	75	224

⑲	⑳	㉑	㉒	㉓	㉔	㉕	㉖	㉗	㉘
48	47	57	54	61	21	32	50	81	87

33 쪽 — 필산·암산

①	②	③	④
1/64	118	6/10/29	8/10/38

⑤	⑥	⑦	⑧
2/1,200	1/364	75/28/2/20/0	79/42/5/54/0

⑨	⑩	⑪	⑫	⑬	⑭	⑮	⑯	⑰	⑱
126	672	265	234	368	450	84	186	208	342

⑲	⑳	㉑	㉒	㉓	㉔	㉕	㉖	㉗	㉘
60	26	91	91	56	28	31	74	19	49

6일차

34 쪽 — 덧셈·뺄셈

①	②	③	④	⑤	⑥	⑦	⑧	⑨	⑩
407	97	415	185	405	135	448	171	331	67

⑪	⑫	⑬	⑭	⑮
364	150	458	46	358

35 쪽 — 덧셈·뺄셈

①	②	③	④	⑤	⑥	⑦	⑧	⑨	⑩
169	335	184	348	139	383	159	420	92	335

⑪	⑫	⑬	⑭	⑮
93	357	39	474	77

36 쪽 — 곱셈·나눗셈

1	2	3	4	5	6	7	8	9	10
810	5,274	4,608	657	7,504	1,148	4,375	4,158	4,825	2,976

11	12	13	14	15	16	17	18	19	20
2,450	2,913	1,308	1,048	3,762	4,962	6,904	1,743	3,715	300

21	22	23	24	25	26	27	28	29	30
271	745	802	130	231	872	106	269	948	128

31	32	33	34	35	36	37	38	39	40
574	807	532	754	816	936	607	804	956	685

37 쪽 — 곱셈·나눗셈

1	2	3	4	5	6	7	8	9	10
2,202	4,525	2,184	5,049	1,956	4,912	2,538	1,276	950	6,048

11	12	13	14	15	16	17	18	19	20
3,204	1,028	2,508	5,805	3,234	3,540	1,978	1,206	1,092	7,371

21	22	23	24	25	26	27	28	29	30
968	241	675	983	540	706	382	673	291	520

31	32	33	34	35	36	37	38	39	40
120	941	958	482	374	239	656	186	439	504

38 쪽 — 필산·암산

1	2	3	4
689	1/947	9/1/10/10/169	773

5	6	7	8
3/4,030	1/723	83/16/6/0	23/12/1/18/0

9	10	11	12	13	14	15	16	17	18
516	200	82	711	161	160	470	255	26	402

19	20	21	22	23	24	25	26	27	28
71	56	51	72	92	81	34	90	59	34

39 쪽 — 필산·암산

1	2	3	4
1/953	1/1/216	220	2/10/267

5	6	7	8
3/2/3,900	1/4/3,682	74/63/3/36/0	17/5/3/35/0

9	10	11	12	13	14	15	16	17	18
485	244	312	640	238	265	81	162	92	630

19	20	21	22	23	24	25	26	27	28
61	62	79	95	84	86	31	65	82	78

7일차

40 쪽 — 덧셈·뺄셈

1	2	3	4	5	6	7	8	9	10
390	3	380	150	454	154	383	41	362	91

11	12	13	14	15
435	104	380	93	395

41 쪽 — 덧셈·뺄셈

1	2	3	4	5	6	7	8	9	10
455	180	354	162	342	93	325	205	338	174

11	12	13	14	15
360	94	380	99	424

42 쪽 — 곱셈·나눗셈

1	2	3	4	5	6	7	8	9	10
512	1,888	3,162	6,952	1,851	3,790	966	3,825	1,908	4,288

11	12	13	14	15	16	17	18	19	20
804	3,573	3,220	1,344	2,530	3,882	7,119	4,960	1,970	3,248

21	22	23	24	25	26	27	28	29	30
748	897	162	762	235	504	653	413	304	786

31	32	33	34	35	36	37	38	39	40
728	514	891	930	764	234	658	217	392	705

43 쪽 — 곱셈·나눗셈

1	2	3	4	5	6	7	8	9	10
1,806	4,785	4,907	2,430	716	2,356	5,772	3,824	358	7,384

11	12	13	14	15	16	17	18	19	20
1,455	1,224	5,271	512	2,076	4,515	2,724	534	4,570	4,860

21	22	23	24	25	26	27	28	29	30
986	269	401	370	329	512	960	908	384	736

31	32	33	34	35	36	37	38	39	40
457	152	542	401	293	984	617	726	809	635

44 쪽 — 필산·암산

1	2	3	4
1/593	1/419	6/10/835	10/0/1/10/57

5	6	7	8
5/6/6,813	2/924	34/27/3/36/0	31/12/4/0

9	10	11	12	13	14	15	16	17	18
525	294	240	612	60	348	52	117	56	459

19	20	21	22	23	24	25	26	27	28
50	29	67	40	93	60	20	21	71	37

45 쪽 — 필산·암산

1	2	3	4
1/1/814	1/675	3/10/385	952

5	6	7	8
3/2,368	4/2,842	75/21/1/15/0	56/35/4/42/0

9	10	11	12	13	14	15	16	17	18
882	259	210	168	168	240	332	118	864	568

19	20	21	22	23	24	25	26	27	28
49	85	44	69	81	81	59	46	27	71

8일차

46 쪽 — 덧셈·뺄셈

1	2	3	4	5	6	7	8	9	10
59	428	139	400	165	425	166	339	175	376

11	12	13	14	15
135	347	10	420	123

47 쪽 — 덧셈·뺄셈

1	2	3	4	5	6	7	8	9	10
434	184	402	134	443	221	375	205	390	196

11	12	13	14	15
440	161	450	125	350

48 쪽 — 곱셈·나눗셈

1	2	3	4	5	6	7	8	9	10
1,740	942	1,672	1,892	1,040	4,991	534	7,056	702	3,296

11	12	13	14	15	16	17	18	19	20
804	6,057	2,856	756	4,675	5,496	2,754	1,368	758	4,925

21	22	23	24	25	26	27	28	29	30
281	508	910	679	237	320	495	714	867	495

31	32	33	34	35	36	37	38	39	40
782	568	940	106	403	592	121	734	348	875

49 쪽 — 곱셈·나눗셈

1	2	3	4	5	6	7	8	9	10
2,155	1,274	981	972	5,154	6,016	876	1,210	1,287	1,950

11	12	13	14	15	16	17	18	19	20
5,236	5,877	952	3,260	5,916	5,096	2,847	824	3,185	4,576

21	22	23	24	25	26	27	28	29	30
142	506	980	697	152	546	736	718	409	392

31	32	33	34	35	36	37	38	39	40
126	824	384	596	475	178	534	431	607	825

50 쪽 — 필산·암산

1	2	3	4
1/1/380	1/1/246	320	7/10/429

5	6	7	8
1/3,010	6/4/4,608	23/10/1/15/0	19/7/6/63/0

9	10	11	12	13	14	15	16	17	18
78	288	288	448	129	310	399	162	644	224

19	20	21	22	23	24	25	26	27	28
40	87	90	59	41	29	62	22	53	47

51 쪽 — 필산·암산

1	2	3	4
1/1/901	1/1/716	2/10/919	10/7/3/10/764

5	6	7	8
5/4/2,128	3/4,235	27/4/1/14/0	12/4/8/0

9	10	11	12	13	14	15	16	17	18
156	272	260	168	135	651	51	621	212	672

19	20	21	22	23	24	25	26	27	28
91	58	26	14	38	53	47	41	54	18

9일차

52쪽 — 덧셈·뺄셈

1	2	3	4	5	6	7	8	9	10
410	96	415	87	342	13	471	194	367	225

11	12	13	14	15
376	204	398	98	490

53쪽 — 덧셈·뺄셈

1	2	3	4	5	6	7	8	9	10
47	406	180	435	89	408	167	406	141	368

11	12	13	14	15
79	430	139	416	48

54쪽 — 곱셈·나눗셈

1	2	3	4	5	6	7	8	9	10
6,039	2,303	2,538	2,335	7,600	804	1,484	944	2,196	4,005

11	12	13	14	15	16	17	18	19	20
2,912	2,205	1,652	3,160	2,238	4,552	6,699	7,029	2,430	5,512

21	22	23	24	25	26	27	28	29	30
751	139	438	736	960	501	253	182	921	640

31	32	33	34	35	36	37	38	39	40
824	232	958	327	801	859	723	108	304	847

55쪽 — 곱셈·나눗셈

1	2	3	4	5	6	7	8	9	10
6,712	750	3,192	1,684	6,714	3,633	3,435	2,193	1,970	3,048

11	12	13	14	15	16	17	18	19	20
2,478	2,288	2,730	3,230	2,114	1,575	940	3,264	4,475	3,168

21	22	23	24	25	26	27	28	29	30
628	612	105	935	637	206	981	983	709	415

31	32	33	34	35	36	37	38	39	40
452	734	268	541	862	726	549	908	907	576

56쪽 — 필산·암산

1	2	3	4
866	1/1/755	383	4/10/475

5	6	7	8
1/5/3,336	1/1,016	75/56/4/40/0	34/18/2/24/0

9	10	11	12	13	14	15	16	17	18
195	84	450	228	288	292	116	552	287	410

19	20	21	22	23	24	25	26	27	28
53	68	47	68	28	89	91	26	76	94

57쪽 — 필산·암산

1	2	3	4
548	1/1/1,031	3/10/367	6/10/694

5	6	7	8
3/2/5,278	1/726	58/45/7/72/0	28/16/8/64/0

9	10	11	12	13	14	15	16	17	18
204	204	576	196	300	294	108	162	300	637

19	20	21	22	23	24	25	26	27	28
41	13	75	21	39	96	63	38	96	45

10일차

58쪽 — 덧셈·뺄셈

1	2	3	4	5	6	7	8	9	10
435	160	385	127	414	71	414	154	360	183

11	12	13	14	15
314	59	390	181	394

59쪽 — 덧셈·뺄셈

1	2	3	4	5	6	7	8	9	10
385	35	414	170	343	114	391	155	442	171

11	12	13	14	15
237	430	223	370	176

60쪽 — 곱셈·나눗셈

1	2	3	4	5	6	7	8	9	10
2,779	5,787	4,974	2,736	1,821	954	6,776	2,016	520	2,844

11	12	13	14	15	16	17	18	19	20
3,456	1,216	3,812	654	1,316	6,786	4,680	321	2,104	8,892

21	22	23	24	25	26	27	28	29	30
394	592	812	231	204	910	652	738	837	256

31	32	33	34	35	36	37	38	39	40
701	402	191	184	329	493	504	675	498	809

61쪽 — 곱셈·나눗셈

1	2	3	4	5	6	7	8	9	10
1,416	4,920	1,972	764	1,580	3,528	2,463	4,437	2,025	4,820

11	12	13	14	15	16	17	18	19	20
4,081	7,533	1,500	2,776	5,688	7,136	2,157	3,738	4,356	3,152

21	22	23	24	25	26	27	28	29	30
679	627	516	145	607	387	342	904	234	416

31	32	33	34	35	36	37	38	39	40
306	625	615	376	897	893	684	305	405	142

62쪽 — 필산·암산

1	2	3	4
1/1/1,005	375	4/10/434	7/10/704

5	6	7	8
1/4/3,708	3/2/3,178	25/8/2/20/0	84/56/2/28/0

9	10	11	12	13	14	15	16	17	18
488	222	180	156	576	637	260	96	204	752

19	20	21	22	23	24	25	26	27	28
76	38	89	41	30	64	51	21	42	52

63쪽 — 필산·암산

1	2	3	4
1/553	1/858	9/8/10/10/855	10/7/1/10/759

5	6	7	8
6/4/1,408	1/3/2,956	15/2/1/10/0	27/6/2/21/0

9	10	11	12	13	14	15	16	17	18
420	390	162	657	96	328	180	784	34	300

19	20	21	22	23	24	25	26	27	28
98	93	32	67	65	58	36	80	40	96

11일차

64쪽 — 덧셈·뺄셈

1	2	3	4	5	6	7	8	9	10
1,445	1,076	2,531	1,651	2,286	1,655	1,261	1,085	1,918	1,587

11	12	13	14	15
1,078	1,444	1,503	424	1,656

65쪽 — 덧셈·뺄셈

1	2	3	4	5	6	7	8	9	10
3,135	681	2,800	2,242	2,675	3,112	1,884	2,874	1,346	2,780

11	12	13	14	15
2,101	361	3,234	1,537	3,156

66쪽 — 곱셈·나눗셈

1	2	3	4	5	6	7	8	9	10
5,270	3,510	4,623	728	2,730	1,092	1,152	7,178	741	5,840

11	12	13	14	15	16	17	18	19	20
228	4,500	486	9,021	1,000	4,725	3,822	5,525	5,418	2,997

21	22	23	24	25	26	27	28	29	30
6	8	4	2	7	9	5	3	9	2

31	32	33	34	35	36	37	38	39	40
8	3	7	4	5	6	2	9	8	5

67쪽 — 곱셈·나눗셈

1	2	3	4	5	6	7	8	9	10
1,440	896	5,680	1,976	2,730	736	3,950	3,220	2,720	2,952

11	12	13	14	15	16	17	18	19	20
3,034	2,744	3,094	3,600	2,403	2,646	285	2,520	1,261	6,399

21	22	23	24	25	26	27	28	29	30
7	9	5	3	6	8	4	2	8	9

31	32	33	34	35	36	37	38	39	40
3	7	5	6	4	3	7	9	8	2

68쪽   필산·암산

1	2	3	4	5	6	7	8
1/1/1,480	1/1,835	111	8/10/119	3,208	2/3/1,076	9/387/0	5/485/0

9	10	11	12	13	14	15	16	17	18
5,734	7,081	5,561	480	2,842	3,276	221	3,920	1,932	697

19	20	21	22	23	24	25	26	27	28
6	7	8	9	4	8	2	3	7	6

69쪽   필산·암산

1	2	3	4
1/1/1,403	1/1,185	7/10/563	10/6/3/10/447

5	6	7	8
4/6/6,013	1/3/2,992	2/184/0	4/300/0

9	10	11	12	13	14	15	16	17	18
4,056	784	3,060	1,080	4,060	1,015	2,583	1,062	6,068	1,071

19	20	21	22	23	24	25	26	27	28
4	6	6	8	5	5	6	5	3	8

12일차

70쪽   덧셈·뺄셈

1	2	3	4	5	6	7	8	9	10
3,102	1,413	3,224	901	3,305	2,766	1,783	2,309	429	2,954

11	12	13	14	15
2,530	1,151	3,022	636	2,730

71쪽   덧셈·뺄셈

1	2	3	4	5	6	7	8	9	10
1,325	1,753	1,470	1,432	2,181	2,070	514	1,429	443	1,475

11	12	13	14	15
1,880	1,403	1,643	964	2,009

72쪽   곱셈·나눗셈

1	2	3	4	5	6	7	8	9	10
2,240	7,885	3,318	1,548	234	504	4,600	690	663	3,478

11	12	13	14	15	16	17	18	19	20
1,785	1,368	1,066	5,358	1,392	1,820	5,304	592	3,584	8,366

21	22	23	24	25	26	27	28	29	30
2	4	6	8	3	5	7	9	3	7

31	32	33	34	35	36	37	38	39	40
5	9	2	6	4	8	3	7	5	4

73쪽   곱셈·나눗셈

1	2	3	4	5	6	7	8	9	10
1,178	5,032	1,587	1,040	4,930	4,160	1,704	3,115	2,870	4,050

11	12	13	14	15	16	17	18	19	20
3,731	1,443	7,047	5,301	3,648	2,790	1,352	2,175	255	1,281

21	22	23	24	25	26	27	28	29	30
8	3	9	2	6	5	7	3	4	9

31	32	33	34	35	36	37	38	39	40
3	7	5	2	4	9	3	7	5	8

74쪽   필산·암산

1	2	3	4
1/1,662	1,549	10/2/1/10/156	10/4/7/10/187

5	6	7	8
1/5,614	5/2/2,904	6/324/0	3/150/0

9	10	11	12	13	14	15	16	17	18
2,548	2,960	1,440	2,184	1,974	754	2,448	1,975	432	2,268

19	20	21	22	23	24	25	26	27	28
8	2	9	7	9	7	3	8	8	7

75쪽   필산·암산

1	2	3	4
1/1/736	1/1/1401	10/2/0/10/46	6/10/416

5	6	7	8
3/1/3,932	3/1/4,564	4/204/0	3/294/0

9	10	11	12	13	14	15	16	17	18
5,162	238	3,588	4,480	1,085	3,128	2,679	1,885	3,038	923

19	20	21	22	23	24	25	26	27	28
6	3	9	3	7	5	4	7	7	6

13일차

76쪽   덧셈·뺄셈

1	2	3	4	5	6	7	8	9	10
2,275	778	2,256	64	3,086	2,095	1,054	2,844	1,113	2,547

11	12	13	14	15
2,964	1,284	3,018	1,054	3,460

77쪽   덧셈·뺄셈

1	2	3	4	5	6	7	8	9	10
2,756	546	1,987	971	3,247	2,677	1,143	3,384	649	2,438

11	12	13	14	15
3,159	678	1,642	1,369	3,399

78쪽   곱셈·나눗셈

1	2	3	4	5	6	7	8	9	10
6,734	1,512	7,885	2,660	1,558	4,148	4,324	1,924	4,104	903

11	12	13	14	15	16	17	18	19	20
2,968	7,482	2,891	3,672	2,905	1,392	2,730	8,352	247	4,187

21	22	23	24	25	26	27	28	29	30
6	8	3	7	9	7	5	3	9	2

31	32	33	34	35	36	37	38	39	40
6	4	8	4	6	2	8	9	7	5

79쪽   곱셈·나눗셈

1	2	3	4	5	6	7	8	9	10
2,916	3,800	1,794	238	3,496	975	2,115	1,521	324	1,972

11	12	13	14	15	16	17	18	19	20
5,840	854	3,431	1,176	5,208	5,695	5,336	1,424	3,162	2,205

21	22	23	24	25	26	27	28	29	30
8	6	4	9	8	7	3	6	2	4

31	32	33	34	35	36	37	38	39	40
6	4	8	2	5	7	9	3	4	2

80쪽   필산·암산

1	2	3	4
1/1/1,116	1/1/867	171	10/6/1/10/529

5	6	7	8
1/636	7/3,272	6/546/0	6/474/0

9	10	11	12	13	14	15	16	17	18
2,484	6,142	3,268	2,597	4,608	513	1,425	1,240	2,542	4,508

19	20	21	22	23	24	25	26	27	28
4	8	2	6	7	5	9	3	8	2

81쪽   필산·암산

1	2	3	4
1/1,735	1/1/1,031	5/10/213	10/1/4/10/79

5	6	7	8
1/3/2,516	5/1/4,158	5/400/0	4/388/0

9	10	11	12	13	14	15	16	17	18
384	2,109	3,348	1,020	2,720	1,026	4,897	3,724	644	3,621

19	20	21	22	23	24	25	26	27	28
6	7	3	2	9	7	8	2	9	3

14일차

82쪽   덧셈·뺄셈

1	2	3	4	5	6	7	8	9	10
3,702	1,094	4,014	1,999	2,705	3,305	1,580	3,856	464	3,794

11	12	13	14	15
3,403	748	4,424	1,954	4,000

83쪽   덧셈·뺄셈

1	2	3	4	5	6	7	8	9	10
4,215	1,065	4,208	1,355	3,967	3,492	716	3,211	848	4,050

11	12	13	14	15
4,894	1,435	4,032	587	4,045

84쪽   곱셈·나눗셈

1	2	3	4	5	6	7	8	9	10
1,558	1,180	4,221	3,186	2,106	1,406	3,180	1,064	2,880	2,124

11	12	13	14	15	16	17	18	19	20
5,330	3,589	1,066	3,936	6,486	315	750	6,603	1,380	1,104
21	22	23	24	25	26	27	28	29	30
4	6	8	2	5	7	9	3	4	3
31	32	33	34	35	36	37	38	39	40
6	5	7	9	8	5	7	3	9	2

85 쪽 곱셈 · 나눗셈

1	2	3	4	5	6	7	8	9	10
560	4,559	7,533	5,625	5,520	1,846	4,050	2,788	224	6,552
11	12	13	14	15	16	17	18	19	20
1,426	5,640	5,487	300	4,368	4,539	1,850	3,094	5,893	1,632
21	22	23	24	25	26	27	28	29	30
8	2	3	6	7	3	5	7	9	2
31	32	33	34	35	36	37	38	39	40
8	4	6	7	9	5	3	2	8	7

86 쪽 필산 · 암산

1	2	3	4
1/1/1,303	1/1,473	5/10/118	8/10/730
5	6	7	8
1/892	1/1/2,235	4/384/0	6/204/0

9	10	11	12	13	14	15	16	17	18
624	4,704	1,850	1,677	2,052	546	4,514	5,428	3,010	1,218
19	20	21	22	23	24	25	26	27	28
6	9	8	2	7	5	3	6	9	8

87 쪽 필산 · 암산

1	2	3	4
858	1/1/1,254	1/10/106	411
5	6	7	8
5/4/3,720	5/3/4,795	3/252/0	7/399/0

9	10	11	12	13	14	15	16	17	18
1,060	910	4,819	2,668	2,760	1,008	742	3,876	684	1,026
19	20	21	22	23	24	25	26	27	28
6	8	7	5	8	7	9	8	6	6

15일차

88 쪽 덧셈 · 뺄셈

1	2	3	4	5	6	7	8	9	10
4,070	1,365	4,068	392	4,157	3,288	1,389	3,753	1,145	4,014
11	12	13	14	15					
3,773	1,688	3,450	1,718	4,185					

89 쪽 덧셈 · 뺄셈

1	2	3	4	5	6	7	8	9	10
4,318	1,175	3,470	1,133	2,819	3,860	672	4,515	752	3,486
11	12	13	14	15					
4,475	1,622	3,844	2,000	3,804					

90 쪽 곱셈 · 나눗셈

1	2	3	4	5	6	7	8	9	10
3,478	805	1,020	1,131	2,160	1,860	728	7,905	312	5,856
11	12	13	14	15	16	17	18	19	20
504	1,204	7,735	3,634	3,534	434	1,740	3,515	7,448	3,612
21	22	23	24	25	26	27	28	29	30
2	6	4	3	9	7	5	3	2	8
31	32	33	34	35	36	37	38	39	40
2	6	4	8	7	5	3	9	4	6

91 쪽 곱셈 · 나눗셈

1	2	3	4	5	6	7	8	9	10
3,720	2,862	3,312	1,564	5,175	1,162	595	7,560	5,244	756
11	12	13	14	15	16	17	18	19	20
720	2,528	4,080	1,050	1,274	2,349	1,764	4,080	9,120	3,306
21	22	23	24	25	26	27	28	29	30
5	7	9	3	8	6	4	2	3	7
31	32	33	34	35	36	37	38	39	40
5	9	2	6	8	4	3	7	2	6

92 쪽 필산 · 암산

1	2	3	4
1/1/961	1/1/1,230	4/10/92	10/7/5/10/688
5	6	7	8
4/4/4,602	1/3,618	2/62/0	9/549/0

9	10	11	12	13	14	15	16	17	18
4,473	1,539	3,750	3,612	4,352	5,184	2,907	3,528	4,648	2,050
19	20	21	22	23	24	25	26	27	28
9	8	5	4	3	3	5	8	2	9

93 쪽 필산 · 암산

1	2	3	4
1/1/1,422	1/1/1,432	121	9/7/10/10/557
5	6	7	8
6/8,163	2/1/3,765	6/540/0	7/490/0

9	10	11	12	13	14	15	16	17	18
3,968	7,178	3,956	558	1,092	2,490	945	1,800	7,110	816
19	20	21	22	23	24	25	26	27	28
5	2	8	8	8	4	2	7	4	9

94 쪽 필산 · 암산

1	2	3	4
1/1,376	1/1,194	5/10/397	6/10/223
5	6	7	8
2/4/3,825	1/2/984	7/672/0	8/384/0

9	10	11	12	13	14	15	16	17	18
3,268	6,642	696	782	8,277	480	2,241	1,140	5,580	2,745
19	20	21	22	23	24	25	26	27	28
7	8	8	3	9	8	6	4	5	2

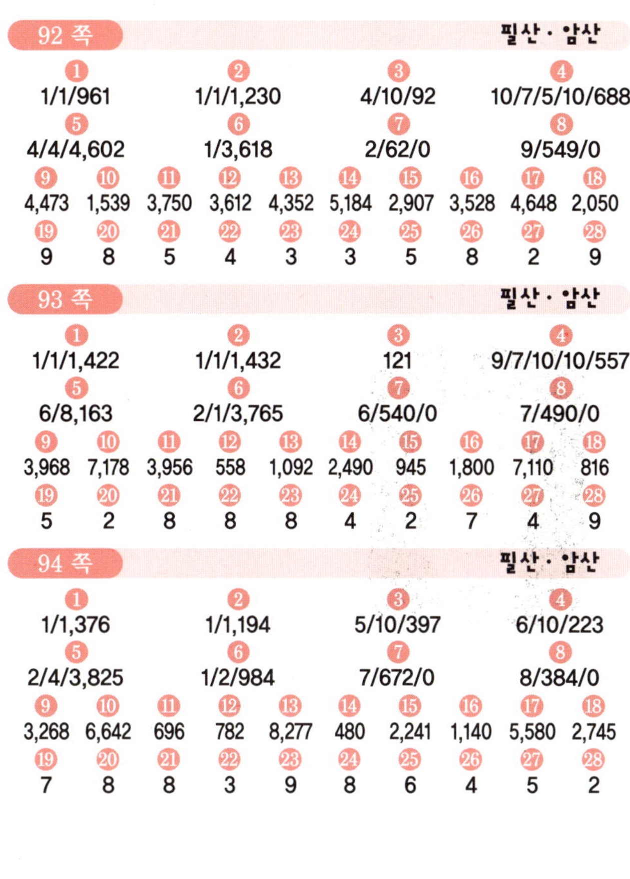

김일곤 선생님

1965년 7.	「감사장」 무상 아동들의 교육을 위하여 군성중학교 설립 (제 275호)
1966년 7.	「장려상」 덕수상고 주최 전국 초등학교 주산경기대회
1967년 10.	「지도상」 경희대학교 주최 전국 초등학교 주산경기대회 우승
1968년 2.	서울시 초등학교 주산 보급회 창설
1969년 9.	「공로상」 대한교련산하 한주회(회장 윤태림 박사)
1970년 3.	「지도패」 봉영여상 주최 전국 주산경기대회 3년 연속 우승
1971년 10.	「지도상」 서울여상 주최 전국 주산경기대회 3년 연속 우승
1972년 7.	「지도상」 일본 주최 국제주산경기 군마현 대회 준우승, 동경대회 우승, 경도시 상공회의소 주최 우승
1972년 7.	일본 NHK TV 출연
1973년 4.	「지도상」 숙명여대 주최 한·일 친선 주산경기대회 우승
1973년 9.	「지도상」 공항상고 주최 전국 초등학교 주산경기대회 우승
1974년 12.	「공로상」 한국 주최 국제주산경기대회 우승
1975년 7.	「지도상」 서울수도사대 주최 서울시 초등학교 주산경기대회 우승
1976년 10.	「지도상」 대한교련 산하 한주회 주최 국제파견 1, 2, 3차 선발대회 우승
1977년 7.	「지도패」 제6회 일본 군마현 주최 주산경기대회 우승
1978년 4.	「지도상」 동구여상 주최 전국 주산경기대회 2년 연속 우승
1979년 6.	MBC TV 출연 전자계산기와 대결 우승
1980년 6.	「지도상」 한국개발원 주최 해외파견 선발대회 우승
1981년 8.	「감사장」 일본 기후시 주최 국제주산경기대회 우승
1982년 8.	「감사패」 자유중국 대북시 주최 국제주산경기대회 우승
1983년 9.	「지도상」 한국일보 주최 전국 암산왕선발대회 3년 연속 우승
1983년 11.	KBS TV '비밀의 커텐', '상쾌한 아침' 출연

1983년 11.	MBC TV '차인태의 아침 살롱' 출연
1984년 1.	MBC TV '자랑스런 새싹들' 특별 출연
1984년 10.	「공로패」 국제피플투피플 독일 파견대회 우승
1984년 12.	「지도상」 한국 주최 세계기록 주산경기대회 우승
1985년 12.	「감사패」 자유중국 주최 제3회 세계계산기능대회 대한민국 대표로 참가 준우승
1986년 8.	「공로패」 일본 동경 주최 국제주산경기대회 우승
1986년 10.	「공로패」 조선일보 주최 전국 주산경기대회 3년 연속 우승
1987년 11.	「지도패」 학원총연합회 주최 문교부장관상 전국 주산경기대회 3년 연속 우승
1987년 12.	「공로패」 일본 주최 제4회 세계계산기능대회 참가
1989년 8.	「감사패」 일본 동경 주최 제5회 세계계산기능대회 참가
1991년 12.	자유중국 주최 제6회 세계계산기능대회 참가
1993년 12.	대한민국 주최 제7회 세계계산기능대회 참가
1996년. 1.	「국제주산교육 10단 인증」 싱가포르 주최 국제주산교육 10단 수여
1996년 12.	「공로패」 중국 주최 국제주산경기대회 참가 우승
2003년 8.	MBC TV '특종 놀라운 세상 암산기인 탄생' 출연
2003년 9.	시단법인 국제주산암산연맹 창설
2003년 6월~ 2004년 3월	연세대학교 창업교육센터 YES셈 주산교육자 강의

【 저 서 】

독산 가감산 및 호산집
주산 기초 교본(상 · 하권)
주산식 기본 암산(1, 2권)
매직셈 주산 기본 교재
매직셈 연습문제(덧셈, 곱셈, 뺄셈, 나눗셈)
주산암산수련문제집